# PERCEPTION OF EVERYTHING

## FROM SENSOR TO INTERNET OF THINGS

# 大话万物感知

## 从传感器到物联网

王振世 ◎编著

机械工业出版社

CHINA MACHINE PRESS

5G、人工智能、大数据、云计算等平台技术的发展不断促进物联网感知层技术的更新换代，加速物联网新应用的普及。本书以生动有趣的对话、类比性描述、大量的应用场景案例和结构清晰的思维导图，介绍了物联网感知层的有关技术。

本书是物联网感知技术的科普图书，可作为各类院校物联网相关专业的教材，可供企业或政府物联网建设管理部门决策时参考，还可作为物联网相关的项目管理人员、营销人员、售前支持人员、工程服务人员学习物联网技术的参考读物。

## 图书在版编目（CIP）数据

大话万物感知：从传感器到物联网／王振世编著．—北京：机械工业出版社，2020.3（2024.7重印）

ISBN 978-7-111-65030-0

Ⅰ．①大…　Ⅱ．①王…　Ⅲ．①互联网络-应用 ②智能技术-应用
Ⅳ．①TP393.4 ②TP18

中国版本图书馆 CIP 数据核字（2020）第 041595 号

机械工业出版社（北京市百万庄大街22号　邮政编码100037）
策划编辑：李馨馨　　责任编辑：李馨馨　秦　菲
责任校对：张艳霞　　责任印制：张　博
北京建宏印刷有限公司印刷

2024年7月第1版·第3次印刷
169mm×239mm·16印张·1插页·307千字
标准书号：ISBN 978-7-111-65030-0
定价：79.00元

电话服务　　　　　　　　　　网络服务
客服电话：010-88361066　　机 工 官 网：www.cmpbook.com
　　　　　010-88379833　　机 工 官 博：weibo.com/cmp1952
　　　　　010-68326294　　金 书 网：www.golden-book.com
**封底无防伪标均为盗版**　　机工教育服务网：www.cmpedu.com

# 前言

preface

**写作背景**

庄子有言："天地有大美而不言，四时有明法而不议，万物有成理而不说。圣人者，原天地之美而达万物之理。"

庄子将天地万物与人平等对待，打破了"以人类为中心"的桎梏。如果说互联网是以"人的需求"为中心构建的，那么物联网，则真正实现将人与万物并列，实现人与物、物与物的网络沟通。网联天下、智慧万物就是物联网的终极目标。

建设物物相连的互联网，不是简单地对互联网进行延伸和扩展，而是需要完成垂直行业技术和信息技术的整合。物联网系统涉及众多的技术领域，其中有三大技术支柱。

1）感知技术：解决信息采集的问题，相当于人类的"感官"体系。

2）通信技术：解决信息近距离或远距离传输的问题，相当于人类的"神经"系统。

3）计算机技术：解决信息分析和处理的问题，相当于人类负责思维的"大脑"。

物联网的核心能力就是感知能力、通信能力和计算能力。从通信能力看，5G网络具有高带宽、低时延、大连接的特点，为用户提供光纤般的接入速率，"零"时延的操作感知、千亿设备的连接能力，将拉近万物的距离，为用户带来身临其境的信息盛宴。从平台计算能力看，现在平台计算能力已足以支撑"人工智能+大数据+云计算"等新技术，完全可以为用户提供多场景智能、智慧的应用体验。

物联网虽依托于通信网和计算机技术，但智能感知识别技术才是物物相连的根基。物体没有感知周边信息的能力，"聋子、哑巴"式的终端连在网上也没有什么用。因此可以这么说，传感器是物联网信息之源，感知技术是物联网互联之本。

我国的传感器工艺发展速度较为缓慢。我国在物联网传感层核心技术的掌握上，同发达国家相比，尚有不小的差距。我国感知技术的发展，相对于计算机技

术、通信技术来说，明显处于劣势。

虽然业务和应用是物联网创新的核心动力，是物联网发展的灵魂，但在各种应用场景中，发展的瓶颈就在于感知层，感知层的发展瓶颈又在于传感元件。

**本书结构**

本书主要介绍物联网感知技术及其在垂直行业的应用，分为7章。

第1章，带领大家了解什么是物联网，了解物联网的分层结构。传感器的性能决定了物联网性能。本章提出了物联天下，传感先行的观点。

第2章，介绍了什么是传感器，如何挑选传感器。由于传感器的种类成千上万，本书只选择了简单的电学量传感器来介绍基本的传感器原理和应用。

传感器要向智能化的方向发展，必须模拟人类的感官。第3章介绍了智能传感器，在此基础上，给出智能触觉、智能视觉、智能定位等系统的基本原理和应用。

有了"感"，还需要"知"。自动对物流信息进行记录、处理、传递和反馈，是构造全球物品信息实时共享的技术基石。第4章介绍了自动识别技术，尤其是RFID技术。

单枪匹马难以成事。第5章将单个传感器组合起来，让它们成为团队，协同完成获取现场信息的工作。

"感知"的目的是为了"业务应用"。把物联网的网络层看作是一个透明的管道，那么物联网的传感层和应用平台层之间就需要彼此协调配合。第6章介绍了物联网中间件，它用来屏蔽传感层和应用平台层彼此之间的复杂性。

5G通信技术和ABC[人工智能(AI)+大数据(Big Data)+云计算(Cloud Computing)]技术的发展不断促进物联网感知层技术的更新换代，也将促进物联网新应用的普及。第7章介绍了"5G+ABC"背景下的新感知、新应用。

**适合读者**

本书是物联网感知技术的科普读物，可供物联网技术的入门者使用，同时可作为各类院校物联网工程、通信工程、网络工程和计算机等专业的物联网感知技术的教材（建议在80学时以上）或参考读物。

本书还可以作为物联网相关的项目管理人员、营销人员、售前支持人员、工程服务人员学习用书，也可供企业或政府物联网建设管理部门决策时参考。对于物联网方面的研发人员，本书只适合其初步了解物联网的感知技术，具体的实现细节还需参考协议类书籍。

**致谢**

本书的写作前后持续了一年的时间。在这个漫长的写作过程中，我得到很多亲人和朋友的关心和帮助。

首先感谢我的父亲和母亲，是他们的持续鼓励和默默支撑，使我能够长时间专注于专业技术书籍的写作。其次，要感谢我的妻子和孩子，温暖的家庭生活是我持续奋斗的原动力。感谢本书编辑追求卓越的工作精神，感谢她充分为读者考虑的持续付出。最后，感谢所有的读者朋友，你们的关注是我最大的欣慰。

由于作者水平有限，书中难免存在疏漏和错误之处，敬请批评指正。

王振世

2019 年 8 月

# 目录

# Contents

# 第1章 网联天下的信息源泉

老子有言："不出户，知天下；不窥牖，见天道。其出弥远，其知弥少。是以圣人不行而知，不见而明，不为而成。"

普通人可不可以像老子所说的圣人一样，"不行而知，不见而明"呢？物联网可以延伸你的视野，让你足不出户感知世界。

一大早，你还在家里，美国和日本的同事已经在邀请你参加视频会议，讨论一项重大的采购决策。你在手环上按了一下，高清的视频会议终端已经启动并接入，此时已有多人围坐在一个虚拟的圆桌上，是真正意义上的"天涯若比邻"，如图 1-1 所示。

图 1-1 视频会议

视频会议结束后，你去未来大厦见一个客户。从大厦出来，你收到一个消息："您的公文包落在会议室了。"你赶快返回去取。

下午，你继续在家里办公。有人反映你负责维护的无线基站的信号不太好。你戴好VR眼镜，按了一下手环，已有无人机起飞，飞到目标基站附近，实时发回了基站周边环境的视频。你发现这个信号不好的基站附近新立了一个广告牌，挡住了无线信号。于是你发出升高抱杆的指令，问题解决。

## 1.1 物联网概述

炎热的夏天，你打开屋里的空调，过一会儿室温变得凉爽舒适。那么房间是如何保持在一个恒定舒适的温度下呢？我们每个人都可以感知外界的冷热，从而增加或者减少自己的衣物。大家肯定会想到，空调中也应该会有一个感知冷热的元件，当室温太低的时候，它就停止或减慢压缩机的制冷工作；当室温升高的时候，它就启动或者加快压缩机的制冷工作。空调中能够感知冷热的元件就是热敏电阻，是一种传感器，它如同我们的皮肤一样，对外界的冷热相当敏感。

一身臭汗让你的衣服味道不好闻，你把衣服脱了，扔在洗衣机里。洗衣机自动进水，水位达到一定的高度，洗衣机开始洗涤。洗衣机里水面有多高，需要水位传感器来检测。当水位传感器检测到水位达到设定高度时，推动一个气囊连杆闭合电路，洗衣机电脑板检测这个通断信号，然后决定开始还是停止旋转。当然，洗衣机中还会有负重传感器，负责检测衣物重量，如果放入太重的东西，它会给洗衣机控制板发出一个自己无法承担如此重量的警告。此外，水温传感器能够检测洗衣机内水温，提示水温过高或者过低；布质传感器可以帮助检测衣料的种类，以便通知洗衣机的控制板采用合适的洗涤方式；脏污程度传感器可以检测衣物脏的程度，从而决定洗涤方式和洗涤时长；脱水传感器可以检测衣物的湿度，从而决定甩干的转速和时长等。

在外活动了很长时间的你肚子饿了，打开冰箱看看有什么吃的。冰箱里也有温度传感器，冷冻室的传感器，用于显示冷冻室的温度；冷藏室的环境传感器，用于显示冷藏室的温度。为了将冷冻室和冷藏室的温度保持在恒温，需要有个温度闭环控制系统，当温度过高或过低的时候，能够指导冰箱降低或升高温度。化霜传感器所在的电路一般在常温下为断开状态，−7℃以下为闭合状态，此时化霜加热器开始通电发热，将冰箱里的霜化掉。

为了保障家里的安全，你安装了烟雾报警器和监控摄像头。烟雾报警器利用烟敏电阻对烟雾比较敏感这个特点来测量烟雾浓度，当室内烟雾达到一定浓度时，就会引起报警系统工作。监控摄像头记录了家里家外发生的一切，你可以在计算机上查看指定时间段的监控视频来排查异常。

以上说了这么多，其实还没有物联网的影子呢，最多只算物联网来临的前奏。对于现在的家庭来说，这些东西都是司空见惯，不足为奇的。

炎热的夏天，如果我们在还没有回家的时候，就想用手机发送指令，查看室温并远程打开空调，然后设置目标室温；在还没有回家的时候，就想用手机查看衣服洗好没有，是否洗干净，是否甩干，是否需要再次洗涤；在还没有回家的时候，就想知道冰箱里的食物有哪些，缺哪些东西。智能家居的生活场景如图 1-2 所示。

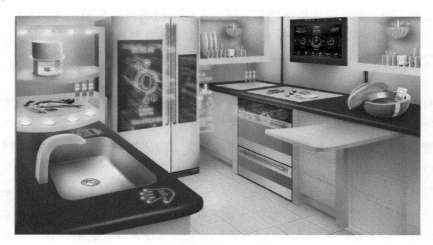

图 1-2 智能家居

一旦家里厨房发生煤气泄漏，或者有人乱扔烟头，导致家里起了烟雾，抑或有人入侵了你的私人住宅，这些危险情况能够第一时间通知到你设定的电话、手机上，同时能够自动报警，城市报警联网中心可通过电子地图准确掌握发生警情的地址，避免了报警者描述不清发生警情的详细地址的尴尬。还可以实时监听现场情况，及时调动警力做出快速响应。

能够远程查看和控制家电的工作状态，能够自动报警和远程监控警情的应用就需要借助物联网了。

所谓物联网，并不是指有传感器工作的"物"，而是指有传感器工作的"物"所监测的信息能够通过 LTE、5G 通信网实现物与物的联系、物与人的联系，也能通过互联网与集中的网络处理中心联系。

### 1.1.1 什么是物联网

2009 年 8 月，"感知中国"的概念被提出，物联网正式被列为我国五大新兴战略性产业之一。2016 年 12 月，国务院发布了《"十三五"国家信息化规划》，其中提到"物联网"的地方有 20 多处，明确了推进物联网感知设施在各行各业中的规划布局。2017 年 3 月，李克强总理在《政府工作报告》中指出要加快大数据、云计算、物联网的应用，以新技术、新业态、新模式推动传统产业生产、管理和营销模式的变革。

那么，究竟什么是物联网呢？大家虽然急切地想知道，但遗憾的是，目前尚无统一的定义。

有的人说，物联网就是传感器；有的人说，物联网就是 5G、NB-IoT；有的人说，物联网就是大数据；有的人说，物联网就是智慧地球、智慧城市、智能交通、智能家居；也有的人说，平安城市、天网工程、雪亮工程就是物联网；甚至还有的人说，物联网和人工智能差不多。

当把传感元件如射频识别、红外感应器、位置传感器等安装到生活或生产的各种物体上，所有的信息都可以形成数据发送到平台层进行处理，这样物体就有了"智能"，物与物、人与物之间就可以实现"沟通"和"对话"，物联网也就随之形成。

物联网的概念最早于 1999 年由美国麻省理工学院提出，英文名为 Internet of Things，即"物物相连的网络"。以下是物联网几个比较常见的定义。

百度百科上如此定义：物联网是通过信息传感设备（如射频识别、红外感应器、全球定位系统、激光扫描器等），按照约定的协议，把任何物品与互联网连接起来，进行信息交换和通信，以实现智能识别、定位、跟踪、监控和管理的一种网络。

维基百科这样定义：物联网把所有物品通过射频识别等信息传感设备和互联网连接起来，实现智能化的识别和管理；物联网就是把感应器装备嵌入各种物体中，然后将"物联网"与现有的互联网连接起来，实现人类社会与物理系统的整合。

国际电信联盟（ITU）这样定义：物联网在物品上额外嵌入短距离移动收发器，使人与人、人与物之间和物与物之间能够进行沟通。任何时间、任何地点、任何人、任何物都能够通过物联网实现相关连接。

从以上各种定义抽取物联网的本质可以得出：物联网是把任何物体的任何测

量量，变成一串数字，然后利用网络传送出去，进行分析处理，然后支撑相关应用的数据转换过程。物联网的信息处理过程如图1-3所示。

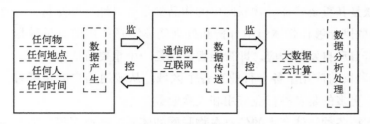

图1-3　物联网信息处理过程

传统互联网是基于人的网络，在某种意义上，信息是靠人来采集和分析的，数据的产生和分析主要依赖于人，互联网只是延伸了人类信息分享的范围。相比而言，物联网是基于物的网络，信息可以由任何时间、任何地点的任何人或物产生。也就是说，在物联网上，数据的产生是靠传感器感知和采集的；与互联网相比，物联网增加了信息的自动提取能力。因此物联网大大延伸了人类感知的触角。

如果说互联网构造的是虚拟空间，那么物联网连接的则是实体空间。互联网可以解决人与人之间信息不对称的问题，物联网则可以解决物与物、物与人的相互沟通问题。总之，如果说互联网技术让这个世界变成了一个"地球村"，那么，物联网技术就让这个"地球村"变成了一个"地球人"，它有了自己的感知系统、神经传导系统、大脑智慧系统。

## 1.1.2　物联网的分层结构

从物联网的定义，可以总结出物联网的共同特征，如图1-4所示。

图1-4　物联网的特征

1）物联网的信息获取依赖于各种传感技术。

2）物联网的信息传送基础是通信网和互联网，是通信网和互联网的延伸和拓展。互联是其重要特征。物联网中的物品都是可寻址、可控制、可通信的。

3）物联网能够让物体集中分析和处理物体测量产生的大量数据，使物体对外界刺激有自动自发的响应。即智能智慧也是一个重要特征。

4）物联网将应用于各个行业和各个区域。从普通用户的角度看，物联网不仅是网络，更多的是各种行业应用和大众业务。

为了支撑各种物体产生的信息在物联网的体系中畅通无阻，需要在物联网体系中实现一连串的数据采集、数据转换、数据传送、数据分析、数据处理，这样物联网的支撑技术就需要包括多个层面：感知层技术（传感器技术、RFID（Radio Frequency Identification，无线射频识别）技术、感知/识别技术、WSN（Wireless Sensor Network，无线传感网络）技术）、网络层技术（低功耗高带宽无线通信技术、移动通信技术），平台层技术（人工智能、大数据、云计算）、应用层技术，如图 1-5 所示。物联网发展的基础是物联网各个组成要件的协同发展。

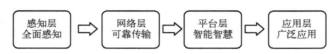

图 1-5 物联网的分层特点

首先，物联网的本质是全面感知，因此感知层是物联网最基础的层面。物联网将促进各种感知技术的广泛应用。物联网系统应用敏感元件，可以将人类感觉器官收集不到的有用信息提取出来，延长和扩展人类的感知能力。比如，红外、紫外等光波敏感元件，可以扩展人们的视力；超声和次声传感器，可以扩展人们的听力。此外，各种嗅敏、味敏、光敏、热敏、磁敏、湿敏等敏感元件也助力人类感觉能力的提升。一旦给某个物体加上传感器，这个物体就成为一个信息源，它就会像互联网上的一切数字设备那样，发出自己感知到的一切信息。一个有完整行业应用的物联网，往往部署了海量的各种类型的传感器，不同类型的传感器会测量到不同的信息，而这个信息具有实时性，物联网的数据处理中心可以按一定的频率，周期性地采集传感器产生的信息，从而得到最新的数据。

其次，物联网要实现可靠传输，就必须依赖通信网和互联网。从物联网上的传感器定时采集到的信息需要通过有线、无线网络或互联网进行传输。海量的传感器会产生海量的测量信息，在传输过程中，为了保障数据的正确性和及时性，

数据传输过程必须适应各种异构网络和协议。这些都要求物联网的网络层具有容量大、可靠、低延时、异构网兼容的特点。

再次，物联网上连接着的各个物体，应该可以被追踪、控制，也可以实现个性化呈现、远程升级、统计分析等功能。这就要求物联网要支撑智能处理和智能控制。当与大数据和人工智能（AI）结合，利用云计算、模式识别等各种计算机技术，物联网可以具备预测性，支撑协同工作。物联网的平台层具有海量数据的存储、计算、分析能力，它的职责就是使物联网变得智能、智慧。

最后，物联网要和一定的应用场景结合，才能解决人们在生产、生活中碰到的一类问题。比如城市安防、智慧校园、智能医疗、智能交通、车联网、智慧农业、智能家居、智能电网、石油化工的监控、各种机器人的集中管理和控制，都是物联网应用层常见的场景。随着物联网的发展，还会延伸到更多的应用场景，发现更新的应用领域和应用模式，还会从更多场景中的传感器采集海量信息进行分析、加工和处理，以适应不同行业、不同用户的不同需求。

总之，物联网有四个层级，分别是：感知层、网络层、平台层和应用层。这四个层级又完成了数据采集、数据传送、数据分析的功能，如图1-6所示。如果把物联网比作人体，感知层的作用相当于人的眼睛、耳朵、鼻子、舌头、皮肤、手脚等感觉器官，网络层就相当于用来传递信息的神经系统，平台层则是人的大脑，对接收到的大量信息进行处理分析。传感器技术是感知层的基础，无线通信技术是网络层的关键，计算机技术又是平台层的核心，它们在物联网系统中分别起到"感官""神经"和"大脑"的作用。而应用层就相当于人要完成的任务，有明确的目标和方向，需要感觉器官、神经系统和大脑共同完成。

横看物联网，有四个层次，但应用层不仅是一个横向层面的含义，还有一个纵向拉通的含义，每一个垂直行业依赖不同的感知层、网络层、平台层的资源，一个行业应用需要在垂直方向上整合以下三个层次的资源。

把物联网的平台层和应用层合二为一，统称为应用层或应用平台层，那么物联网的结构就分为三层了。有的人把物联网的三层架构称之为"端-管-云"架构，如图1-7所示。各种各样的终端设备、传感节点、无线识别都属于"端"（Device），5G无线通信网络、WLAN网络及互联网等属于"管"（Pipe），数据存储、数据分析计算及各种应用则运行在"云"（Cloud）侧。

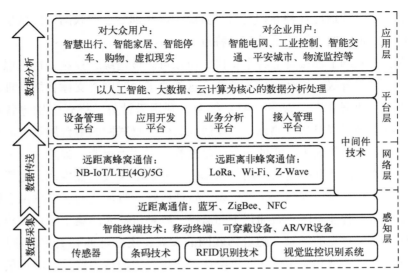

图1-6　物联网的分层结构

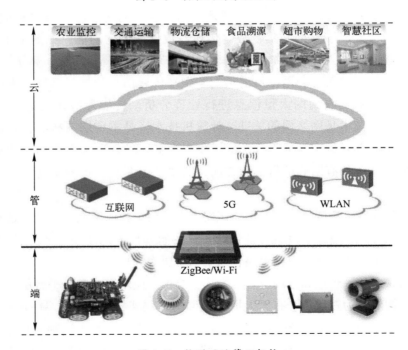

图1-7　物联网端管云架构

### 1.1.3　物联天下，传感先行

"物联网和互联网的区别到底在哪里呀?"吴小白问武廉旺。

"互联网加上感知能力,我认为就接近物联网了。"武先生回答道。

"你这么一说,物联天下,感知能力是先决条件了?"吴小白问道。

"是啊!没有物体的感知能力,那不等于人与人之间通过电脑终端的互联么?那不还是等于互联网么?"武先生这样说道。

"看来现实感,或者是对周围环境的感知能力,是物联网的独特的地方。"吴小白总结道。

在物联网时代,我们的家用电器在可能损坏之前,安装在电器里面的传感器就已经检测到了异常,于是主动报修。在报修和检测的过程中,人可以不参与其中,由设备自身完成整个监测和维护的过程。电器需要返修的话,家用机器人和快递公司的无人机可以提供帮助。

如此便利的生活都要归功于传感器和智能电器。因为传感器的存在,智能电器才能监测到自身的工作状态。广泛存在的传感元件,可以让未来每一件物品的状态和信息都会被感知。电灯等照明系统一定会有光传感器,门窗有红外传感器,随身携带的手机和手环等穿戴设备会集成更多传感器。举例来说,在如图1-8所示的无人便利店里,一盒鸡蛋、一篮水果进入冰箱后,人们就可以通过手机查看到鸡蛋、水果的数量、价格,以及物流运输信息,甚至还可以追踪到鸡蛋是哪个农场的哪一只母鸡产的,追踪到水果是哪个果园的哪棵树上产的。

图1-8　无人便利店

那么，如果传感器监测的数据不准确，那么平台侧可能给出错误的指令，用户可能付出不必要的成本，商家可能因此蒙受损失。也就是说，传感层采集的数据不准确，就会影响物联网传送数据的可信度。

物联网的本质就是将 IT 基础设施融入物理基础设施中，也就是把感应器嵌入和装备到电网、铁路、桥梁、隧道、公路、建筑、供水系统、大坝、油气管道、家用电器、日用百货等各种物体中，并且实现普遍连接，形成所谓的"物联网"。从智慧城市到智能家居、智能泊车、智慧工业、智慧农业等，都是建立在各类传感器之上。物联网可以实现万物沟通，是广泛连接物理世界的网络，实现了任何时间、任何地点及任何物体的连接。可以说，人们为了实现人与物的有机结合，以更加精细和动态的方式管理生产和生活，提高整个社会的信息化能力，将需要大量工艺水平超高、测量精确、体积微小、成本超低的传感器元件。

感知层的使用是物联网与互联网的最大区别，物联网最基础、最底层的部分就是广泛分布的传感器或感知层器件。感知层在物联网中起着决定性的作用。传感器好比人的眼、耳、口、鼻、舌、手，可以认为延伸了人类的感觉，它能够采集到更多更广的有用信息。正是因为有了传感器，物联网系统才能将自己感知到的信息传递给"大脑"。

传感器的性能决定了物联网性能。在物联网时代，传感器将代替人工成为获得信息的重要手段和途径，如图 1-9 所示。传感器采集信息的准确性、可靠性、实时性，将直接影响到控制节点对信息的处理与传输，对物联网应用系统的性能影响相当大。

图 1-9　物联天下、感知先行

目前，我国的互联网、通信网、云存储、云计算等基础设施发展速度较快，但传感器工艺的发展速度却较为缓慢。我国在物联网感知层核心技术的掌握上，同发达国家相比，尚有不小的差距。相对于计算机技术、通信技术，我国的传感器技术在国际上处于弱势地位，存在的问题较多。可以这么说，在各种应用场景中，我国物联网发展的瓶颈就在于感知层，感知层的发展瓶颈就在于传感元件。传感器是决定物联网产业发展速度的重要因素之一。

俗话说，"兵马未动，粮草先行"。在物联网快速发展的今天，这句话可以理解为：物联天下、传感先行。没有感知层元件的广泛部署，物联网的发展就是无源之水、无本之末了。

本书的重点就是介绍物联网感知层涉及的关键技术，及其在生产和生活中的应用。

## 1.2　传感技术的发展进程

"这些年计算机技术和无线通信技术发展很快啊，没听说传感技术有什么重大的突破。"吴小白说。

"也不能说传感技术没有突破，比如在生物传感器、化学传感器、智能传感器等方面还是有所突破的，但发展速度上，传感技术与无线通信技术、计算机技术相比缓慢了很多，尤其在我国，传感技术的发展滞后于发达国家。"武先生说道。

"啊，多么希望我们国家已成为感知强国！"吴小白道。

"是啊，我也希望如此啊！未来传感器的集成度越来越高，一个传感器会集成很多功能。功能虽多了，但却要求越做越小，越来越节能，成本也要越降越低！"武先生道。

"这不是既让马儿跑得快，又让马儿少吃草！"吴小白道。

"没办法。竞争态势使然！"武先生说道，"我们只有在这些发展方向上努力，才能迎头赶上啊！"

### 1.2.1　前世今生

物联网的三大基础技术是传感技术、通信技术、计算机技术。这三大技术各有各的发展历程。我们这里重点介绍传感技术的发展历程。

有一句话说，计算机硬件的发展遵循摩尔定律，每18个月其硬件中的晶体

管集成度就提升一倍，硬件的性能也提升一倍。遗憾的是，传感技术的发展并没有遵循这个规律，而是缓慢得多，如图 1-10 所示。与计算机技术和通信技术相比，传感技术的发展有些落后，不少先进的成果仍停留在实验研究阶段，并没有投入实际生产与广泛应用中。

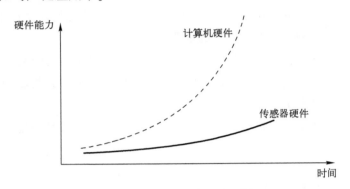

图 1-10　传感器硬件水平发展进程

　　20 世纪 50 年代，在欧美国家的军事技术、航空航天领域的试验研究过程中，传感器技术开始发展。最开始的传感器利用材料的结构参量变化来感受和测量信号，例如电阻应变式传感器，当金属材料发生弹性形变时，电阻值相应发生变化来将被测量转化成电信号的。

　　20 世纪 70 年代开始，利用半导体、电介质、磁性材料等固体元件的某些特性，利用热电效应、霍尔效应、光敏效应，分别制成热电偶传感器、霍尔传感器、光敏传感器等。这就是固体传感器时代。结构传感器和固体传感器均属于模拟传感器阶段。

　　20 世纪 70 年代末，随着集成技术、微电子技术及计算机技术的发展，出现了集成传感器。集成传感器功能多、成本低、性能良好。这个阶段传感器技术开始从模拟向数字方向发展。

　　20 世纪 80 年代，微型计算机技术与检测技术相结合产生了智能传感器。一开始，把信号转换电路和微型计算机、存储器及接口集成在一个芯片上，和传感器结合在一起，就是智能传感器，其具有检测、数据处理以及自适应能力。20 世纪 90 年代后，智能化测量技术促使传感器本身实现智能化，具有了自诊断功能、记忆功能、多参量测量功能以及联网通信功能等。

　　由于智能传感器的有线部署成本高，安装困难。人们自然会想到进行低功耗、微型化的无线传感器的研究。随着近距离无线通信技术的发展，在 20 世纪

90 年代，无线传感器网络技术逐渐成熟。传感器技术发展历程如图 1-11 所示。

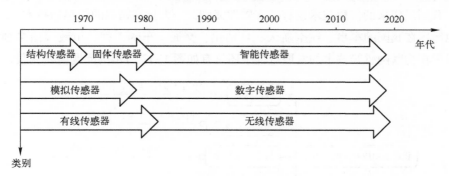

图 1-11　传感器技术发展历程

进入 21 世纪，计算机技术的飞速发展大幅提升了信息处理效率。LTE、5G 的 NB-IoT 等无线通信技术快速发展，提升了信息传输的效率。传感器新材料、新工艺、新应用等不断出现，检测技术、控制技术得到了发展，信息采集能力、测量精度和可靠性得到了根本上的提升；与此同时，传感器在进一步微型化、网络化。几种趋势合在一起，促进了物联网感知技术的进一步成熟，如图 1-12 所示。

图 1-12　物联网感知技术的成熟

目前，以日本和欧美等国家为代表的传感器产业，在国际市场中已经占有了重要的份额。在军事领域，美国的激光制导技术发展迅猛，导弹发射的精度大幅提高；在航空航天领域，美国研制的高精度、高耐性红外测温传感器，在恶劣的环境中，仍能准确测量出运行中的飞行器各部件的温度；在城市交通管理方面，在事故路段检测及排障过程中，应用了大量的电子红外光电传感器，车辆上也应

用了激光防撞雷达、红外夜视装置、导航用的光纤陀螺等。

我国近年来的传感技术也有了实质性突破，一大批高精尖的传感器技术，已广泛地运用在我国的军事、航空航天、自动化、交通、车辆工程、市政等诸多领域。但我国在物联网感知技术的发展过程中还是有如图 1-13 所示的问题需要克服。

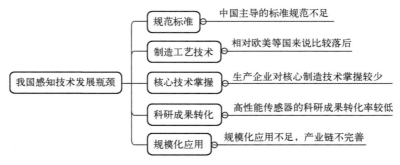

图 1-13　我国感知技术发展瓶颈

## 1.2.2　发展趋势

随着 5G 基础通信网络建设的完善以及物联网终端种类的持续增长，受益于物联网各场景应用需求的暴增，有权威机构预测，到 2025 年，全球物联网连接数量将达 1000 亿。未来 10 年，物联网将有上万亿元的市场，其产业规模将比互联网大数倍，前景可观！

如果我国建设物联网使用的大量传感器、信号处理和识别系统，还依赖于从欧美国家进口，就相当于被他人勒紧了脖子，物联网的发展将受制于人。可以这么说，物联网感知层技术产业化水平，决定了我国企业在物联网市场的发展前景。

进入物联网时代，为了适应各种应用场景，传感技术呈现出了新的发展趋势，如图 1-14 所示。

（1）开发和应用新的传感器材料

传感器技术升级换代的重要推动力就是新材料的应用。传统的传感器材料有半导体材料、陶瓷材料、光导材料、超导材料，非晶态材料、薄膜材料等。新型的光电敏感材料，具有检测距离远、分辨率高、响应快、检测物体范围广等特点；生物敏感材料由于其选择性好、灵敏度高、成本低，在食品、制药、化工、临床检验、生物医学、环境监测等方面有着广泛的应用前景；新型的纳米材料促进了传感器向微型方向的发展。随着未来物联网应用场景的不断拓宽，人们将会开发出更多优质的传感器新材料，新材料的应用水平将会不断提升。

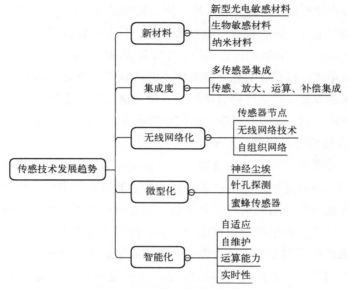

图 1-14　传感技术的发展趋势

（2）提升传感器的集成度

传感器集成度的提高有两个方向：一个是在同一个芯片上集成很多类型的传感器；另一个是传感器与后续其他功能电路的集成化。这两个方向都是传感器的多功能化方向。一个多传感器集成的芯片，可以检测的参数，由点到面到体，可以实现多维参数的图像化呈现。如医学临床上使用的一种传感器，芯片尺寸仅为 2.5 mm×0.5 mm，可快速检测出一滴血液中 $Na^+$、$K^+$ 和 $H^+$ 等多种离子的浓度。一个将传感检测功能与放大、运算、干扰补偿等功能集成一体的传感器，具有了很好的自适应性，在工业机器人领域得到了大量应用。

（3）无线网络化

无线网络技术与传感器技术的结合就是无线传感网技术。在网络中，传感器被用来收集各种测量，如温度的高低、湿度的变化、压力的增减、噪声的升降。多个传感器节点组成一个网络，每一个传感器节点可以看作是一个快速运算的微型计算机，将传感器收集到的信息转化成数字信号。节点与节点之间可以彼此通信，也可以和中央处理中心进行联系。无线传感器网络是由多学科高度交叉的新兴热点研究领域。随着在工业、农业、军事、环境、医疗、智能家居、智慧城市等领域应用需求的增多，传感器的无线网络化应用将会越来越成熟。

（4）小型化、微型化

传感器新型材料的使用、集成度的提升，可以促进传感器的小型化、微型化。

微型化传感器占用空间小、重量轻、反应快、灵敏度高、成本低、能耗低，便于安装和维护。医学上有一种"神经尘埃"传感器，只有一粒沙子大小（长3mm，高1mm，宽0.8mm），这种微型传感器的晶体管负责搜集神经和肌肉组织的信息，然后以超声波的形式，将相应信息反馈给体外的接收器，为医生确认病情提供参考。随着传感技术的发展，微型传感器可测量的物理量、化学量和生物量会越来越多。在航空、远距离探测、医疗及工业自动化等领域的应用也会越来越多。

（5）提高传感器的智能化水平

智能传感器是微处理器与传感器的结合，既能够采集信息，又可以进行信息的处理和存储，进行逻辑思考和决策。智能传感器设有数字通信接口，可以直接与其所属计算机进行通信联络和信息交换。随着微处理器技术的不断发展，智能传感器将在自适应、自维护、运算能力、实时性等方面得到进一步提升。

总之，现代传感器正从传统的单一功能朝着集成化、无线化、网络化、数字化、系统化、微型化、智能化、多功能化、光机电一体化、无维护化的方向发展，与此同时，传感器的功耗将越来越低，精度和可靠性将越来越高，测量范围将越来越宽。

### 1.2.3　应用场景

物联网的内涵是不断延伸的，物联网的应用是不断拓展的，物联网的定义也是开放的。物联网的未来就是要把所有工业的、民用的东西都接入网络，大到大型工业设备，小到汽车、空调、电冰箱、微波炉，甚至是自己的水杯。

但物联网本身不可能一步到位，随着传感技术的发展、应用场景的丰富，未来将会有更多的东西连接到网络中。在不久的将来，物物互联的业务量将大大超过人与人通信的业务量。用于动物、植物和物品的传感器、电子标签及配套装置的数量将大大超过手机的数量。一个有效的物联网要智能地发挥作用，需要具备一定的规模性，例如，一个城市有500万辆汽车，如果只在500辆汽车上装上车联网传感系统，就不可能形成一个智能交通系统。

物联网可以用于公共事业、工业自动化、农业、居民生活、军事等各行各业，如图1-15所示。不同的应用场景将需要不同的传感技术。

在这些应用领域，物联网的传感层起到的作用主要有标识对象、状态监控、对象跟踪和对象控制，如图1-16所示。

1）标识对象：标识特定的对象、区分特定的对象。例如，生活中，我们经常用到各种智能卡，看到各种条码和二维码标签，这些都是可以获得对象的识别

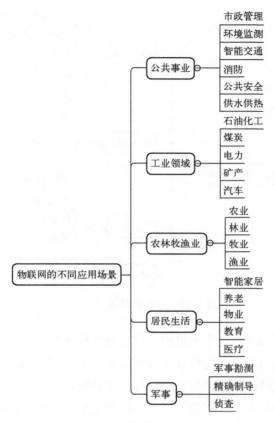

图 1-15　物联网的不同应用场景

信息和扩展信息的途径。

2）状态监控：利用各种类型的传感器实现对某个对象实时状态的测量和行为监控。例如，分布在市区的各个噪声探头可以监测噪声污染；通过二氧化碳传感器监控大气中二氧化碳的浓度。超市中的商品采用磁性防盗标签，通过是否消磁来判断交费与否两种状态；商品付费以后，收银台就会消磁；在出口处利用磁性感应传感器来检测，如果没有消磁，就是没有交费，就会报警给超市工作人员。

3）对象跟踪：跟踪对象的运动轨迹。例如，通过 GPS、北斗卫星导航系统跟踪车辆位置，通过交通路口的摄像头捕捉实时交通流视频等。

4）对象控制：物联网可以依据传感器网络采集的数据进行决策，将对象行为的改变反馈给中心平台，中心平台经过分析形成指令来控制对象的行为。例如，在市政路灯管理中，根据光线的强弱调整路灯的亮度，可以起到节约电能的作用；根据车辆的流量自动调整红绿灯间隔，可以提升路口通行效率。

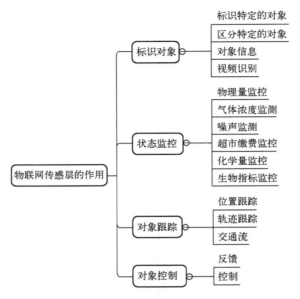

图 1-16 物联网传感层的作用

近年来，智慧城市的概念被提出，并在城市建设中开始实施。智慧城市并不是一个单一的物联网概念，它包含非常综合的应用场景，如图 1-17 所示。智慧城市就是运用物联网的技术手段检测、分析整合城市运行管理职能所需的各项关键信息，从而对包括市政、交通、环保、公共安全、物流、医疗、城市服务等活动在内的各种需求做出响应，是一种科学的城市管理和运行的方案。类似的概念还有智慧小区、智慧校园等。

智慧城市是基于对周围环境的感知，从而对城市重要的基础设施实现实时控制，实现城市的数字化管理和安全监控。居民生活中离不开的水、电、气、暖，可以通过远程控制实现开启、停用，通过远程抄表实现使用量的监控。智能视觉系统使用智能传感器节点对交通流量进行监测、对交通违法行为进行监控、对交通故障进行处理等；通过装在路边的汽车检测传感器、雷达侦测和摄像头等设备组成的智能停车系统可以帮助驾驶员迅速地找到停车位，从而让城市停车场的管理更加高效；公交视频监控、智能公交站台、电子票务、车管专家和公交手机一卡通使人们出行更加方便；通过气体、排放物的远程监测，可以实现城市的智能环保管理。

在城市园林管理中，通过实时对温度、湿度、光照、二氧化碳浓度、土壤温度、叶面湿度等参数的测量，实现对指定设备自动关启的远程控制。在健康领

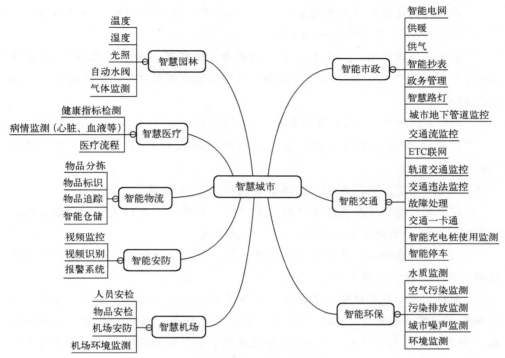

图 1-17　智慧城市的应用场景

域，智能手环和手表可以提供计步和跟踪、紧急呼叫、热量统计、心率监测、定位、锻炼类型判断、睡眠质量分析、爬楼层数统计和音乐控制等功能；通过心脏监测、活动量监测、睡眠质量的监测来实现人们健康状态的远程管理；在医院，病人的全部治疗过程都可以纳入监测管理流程中，实现智慧医疗。在物流领域，打造集物品标识、物品分拣、物品跟踪、仓储管理、小区物流管理、信息展现、电子商务、金融质押、安保、海关保税等功能为一体的综合物流信息服务平台。现在在城市推行的天网工程、雪亮工程，通过部署大量的城市视觉系统，实现城乡一体的无死角的智能安防；在机场、车站等人流密集区域，人员的安检、物品的安检、场景的治安状况通过物联网都可以实现有效管理。

　　物联网的应用包罗万象，不仅限于此，这里只是列举了有代表性的应用场景。在生活和生产过程中，大家将会接触越来越多的应用场景。

# 1.3　初识感知层

　　"传感技术和感知层技术是否是等同的概念呢？"吴小白问。

"传感技术是感知层技术的重要方面，但二者不完全等同啊。"武先生道。

"愿闻其详。"吴小白急切地说道。

"感知层，顾名思义，除了'感'的能力，还得有'知'的能力!"武先生说道，"但仅有'感'和'知'的能力，只能实现检测和监视，还不能实现'控制'功能。"

"具体解释一下。"吴小白好奇地说。

"就是你只能知道物理的状态，却不能控制它的行为。也就是说，只有'监'，没有'控'。"

"如果我想有'控'制能力，怎么办呢?"吴小白说道。

"那你就需要让感知层具有'智'和'行'的能力。也就是说，它能够根据感知到的信息，进行决策，然后行动。"武先生道。

"也就是说感知层，其实可以包含感、知、智、行等能力。那感知层的关键技术，可不只是传感器了。"吴小白说道。

"是的，感知层关键技术有很多，除传感器技术外，视频、音频、图像、二维码等识别技术也属于'知'的技术，有些芯片或者是模组，有智能分析的功能，中间件的技术可以支撑平台层做智能决策。如果需要控制的话，还需要有控制执行的技术。"

## 1.3.1 感知智行

如图 1-18 所示，我们在开车的过程中，眼睛紧盯着前方，同时用余光扫视着右视镜、左视镜和观后镜。眼睛看到的这些周边的状况被传送到大脑，大脑形成一个对交通状况的基本判断，如果发现方向不对，用手控制方向盘调整方向；如果发现速度过快或过慢，用脚控制刹车或油门，如图 1-19 所示。

整个开车的过程中，眼睛所观察到的情况不断地反馈给大脑，形成一个基于反馈的检测控制系统。大脑根据之前收到的路况信息和调整后收到的路况信息之间的偏差，形成新的调节控制策略，进一步指示手和脚完成下一步动作。这就是一个基于偏差的控制调节系统。在这个控制系统中，大脑相当于控制单元，手和脚是执行单元，眼睛相当于测量单元，开车这个行为就是一个应用。司机开车的控制过程就相当于一个感知层的自动调节控制系统，如图 1-20 所示。

再举一个室温自动调节系统（空调）的例子。假如我们想把室温控制在25℃，这个温度控制目标就是输入，温度传感器不断地测量实际的室温（感）。目标室温和实际室温有一个偏差（知），控制单元识别到这个偏差，结合经验

图 1-18　开车示例

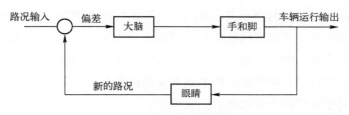

图 1-19　司机开车的控制过程

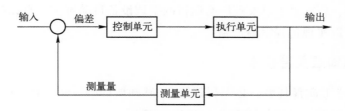

图 1-20　感知层自动调节系统

库，进行智能控制（智），指示空气压缩机制冷或者升温的动作（行）。控制温度就是一个应用，感知层围绕着这个应用目标，完成感、知、智、行的功能，如图 1-21 所示。

感知层的感、知、智、行分别代表了传感器的测量元件、比较元件、智能控制单元和执行单元的能力。这样就组成了一个自动检测调节系统，可以在没有人直接参与的情况下，利用外加的设备或装置，使机器、设备的某个工作状态或参数自动地按照预定的程序运行。

单枪匹马是很难成事的，一个人再厉害，也是势单力薄。荀子说过："君子

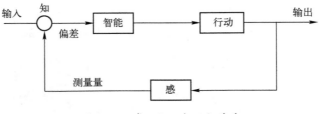

图 1-21　感、知、智、行关系

性非异也，善假于物也。"一个传感节点的感、知、智、行的能力再强，它感知的范围也是有限的，智能控制的知识和策略也是局部的，执行动作的复杂度也是有限的。这就需要很多的传感节点组成一个局部的传感网，众多的传感网或传感单元通过网络层、平台层的能力汇聚成物联网。这样就形成了全局的感知能力、全局的智能控制能力和行动能力。

回到前面司机开车的例子里。司机个体开车的能力绝对是有限的，经验再丰富的司机，对突发交通状况的反应都是滞后的。如果每个车的行动轨迹都能监测起来，形成车联网，中央控制平台就可以超前发现可能出现相撞事件，提前给多个司机提示，就可以大幅降低交通事故发生的概率。当然，车联网的优点不止于此，它还有利于实现整个城市的智能交通。

在室温自动调节的例子里，如果每个场景的空调系统都能连起网来，形成智能调温网络，厂家就可以实现所有运行的空调设备自动维护、自动故障处理，空调用户也可以实现远程室温控制。

## 1.3.2　感知层关键技术

子曰："工欲善其事，必先利其器。"感知层的感、知、智、行功能的实现，依赖于一系列感知层的关键技术，如图 1-22 所示。

首先，传感技术是物联网测量技术的基础，是物联网信息产生的源头。传感器是物联网产业的关键器件，新材料技术、智能化技术、集成化技术、小型化技术是现代传感器发展过程中离不开的课题。为了便于一次部署、永久使用，低功耗是目前传感器产品研发的重要指标之一；为了促进物联网的规模化应用，低成本也是传感器研发的重要方向。

视频技术可以看作非接触式的传感技术，是物联网视觉能力的重要基础。视频采集技术，不仅可在常规条件下使用，在夜间、高温、能见度低的场景下也可使用。当然，在这些特殊的使用场景，需要有相应的视频采集存储和分析识别技术。视频分析识别技术依赖于大量高清晰度的视频资料，从中找到关于实际空间

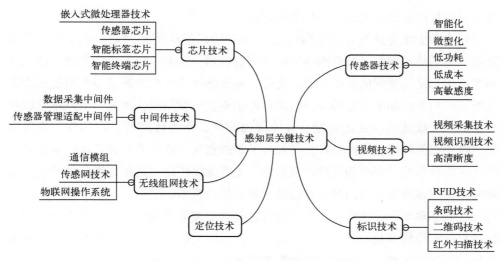

图 1-22 感知层关键技术

环境中的趋势性、经验性、不确定性、随机性和模糊性的信息，提取关键信息和有价值数据，从而在各种行业中应用，如智能交通、商业智能、防灾减灾、安全生产、智能安防、安全监护等，成为解决实际问题的利器。

标识技术是通过 RFID 标签、条形码、二维码、语音、生物特征等手段来标识、识别物体的技术。给产品贴上可识别的标签，增加了产品的外在特征，然后通过红外/激光扫描、RFID 等技术来识别这些外在特征，以此证实和判断物体本质的特征。RFID 是一种自动识别技术，也可以看作是物联网的信息采集技术，本质上也是一种传感器技术，融合了无线射频技术和嵌入式技术。RFID 在自动识别、物品物流管理等领域有着广阔的应用前景。

在物联网庞大的生态体系中，芯片的科技含量较高，是产业链的基础和核心。传感层硬件的基础就是各种芯片，如传感器、微控制器、存储器、超低功耗通信部件、定位模块、信号转换元件、电源管理元件都需要相应的芯片。掌握了芯片技术，就掌握了物联网的核心话语权。

物联网中，传感器数量多、读写设备多、识读点多、硬件设备品种多，数据格式不一。传感器中间件是屏蔽底层设备复杂性的关键部件，是衔接传感器硬件设备和上层业务应用的桥梁。感知层的中间件有两大类型，一类是屏蔽传感器采集数据的复杂性，完成传感器测量数据的采集、过滤和合并；另一类是提供上层业务和应用的数据过渡，完成传感数据的存储、维护、访问和聚合。传感器中间件还可以为上层应用提供标准接口，使客户很轻松地利用其接口进行二次开发，

提高感知层的定制开发能力和场景适配能力。

众多的无线传感器节点可以通过 ZigBee 协议组成传感网来协调工作，形成更有价值的信息网络。物联网的近距离通信技术、ZigBee 组网应用原理、嵌入式网关技术都是传感网的关键技术。此外，各传感器产生的数据还需要通过远距离无线通信的方式和平台层的各种应用软件相连。也就是说，传感器节点本身就相当于具有无线通信功能的终端。在物联网时代，作为传感器节点的终端设备众多，像手机需要操作系统一样，各细分场景的物联网智能终端设备也需要相应的嵌入式操作系统，来感知硬件的复杂性、支撑无线传感网近距离通信的功能。物联网中传感器终端设备的操作系统技术也是核心竞争力之一。

在共享单车、共享汽车、安全出行、公共交通等应用中，定位技术可以用来测量目标的位置参数、时间参数、运动参数等时空信息，从而得知某一用户或者物体的具体位置和运行轨迹，以此实现对人或物的位置跟踪。定位技术也是物联网感知层应用的关键技术之一。

综上所述，物联网感知技术涉及的关键技术全景图如图 1-23 所示。

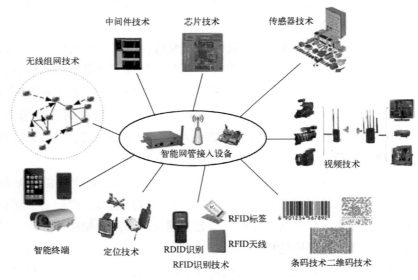

图 1-23　物联网感知层关键技术全景图

## 1.3.3　感知层产业链概述

物联网应用是个长尾市场，涉及各行各业。具体到感知层来说，产品也是各

式各样，涵盖的产业链非常长，参与的厂家众多，还没有形成两三个厂家独大的市场格局。但从最核心的技术实现层面来看，主要包括传感器厂家、视频采集和识别厂家、标签和标识厂家、芯片厂家、无线模组（包括通信、定位、组网）厂家、中间件厂家、智能终端（包括可穿戴设备）厂家等。

目前我国整个物联网感知层的产业链组成和市场中有代表性的厂家如图1-24所示。

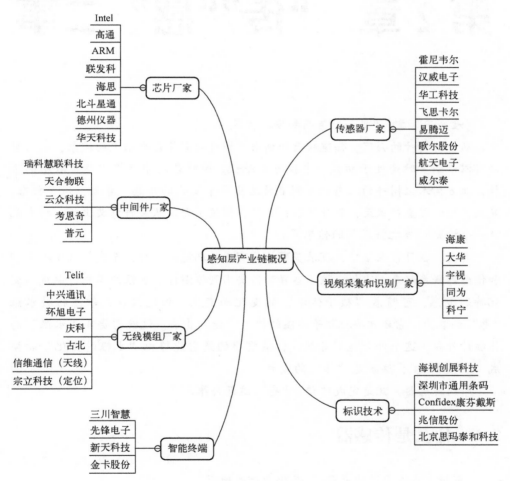

图1-24　感知层产业链概况

# 第2章 "传""感"二事

《淮南子》言:"见一叶落而知岁之将暮。"

从一片树叶的凋落,知道秋天的到来。树叶的凋落是个细微的迹象,从这里却可以看到当时是处于初秋、中秋还是深秋。树叶是对季节变化非常敏感的事物,北方树木上树叶的状态就可明显传达出季节变化的信息。春天,嫩芽初露;夏天,绿叶茂盛;秋天,黄叶凋零;冬日,树枝干秃。从某种意义上说,树木就是一个检测"岁之将暮"的传感器。

其实,在日常生活中,有很多事物具有感知环境的能力,而我们很少把它们和传感器联系起来。比如,孩子感冒时,要用到体温计。水银的体积对温度的变化特别敏感,可随着"孩子体温"的变化而变化。但这仅仅是敏感材料水银"感"的能力。它还需要把孩子体温的信息"传"出去。这就需要装"水银"的体温计外瓶,这个外瓶能够导热,但最重要的是它能够把"水银的变化"转换成"温度刻度",这就是"传"的能力。

所谓传感器,就是完成"传""感"这两件事。

## 2.1 什么是传感器

"可惜,我没用过传感器。"吴小白嘟囔地说。

"你天天在用传感器,怎么能说没用过呢?"武先生道。

"这话我就不明白了,我在哪里用过传感器?"吴小白问。

"你天天用智能手机,上面有那么多传感器,你肯定用过。"武先生道。

"手机上有传感器?"吴小白问。

　　"手机上有大量的传感器，怎么能说没用过呢，你把手机从横放转向竖放，显示屏也跟着进行横竖切换，这里就有个重力传感器来检测手机的摆放方向。手机可以测量你走路过程中的步数，这就需要加速度传感器。"武先生道。

　　"我使用过微信上的摇一摇，这里用到什么样的传感器？"吴小白又问道。

　　"手机里有一个陀螺仪，它的旋转轴没有受到外力影响时，旋转轴的指向是不会有任何改变的。当有外力作用时，陀螺仪的旋转轴的方向就会变化，陀螺旋转的速度就会变化，就可以用这个原理来测定手机位置的变化和移动轨迹。"武先生回答道。

　　"手机里的传感器不只这些吧？"吴小白问道。

　　"当然了，还有光线传感器，用于调节屏幕自动背光的亮度；距离传感器用于检测手机是否贴在耳朵上打电话，以便决定是否需要自动熄灭屏幕来省电；在利用电子地图进行导航的时候，还会用磁场传感器测方向，用 GPS 进行定位。在用手机进行加密、解锁、支付的时候，你还用过指纹识别传感器。这些都成为手机的标配了。有些手机为了支持运动和健康，还配置有心率传感器、血氧传感器、紫外线传感器等等。"武先生解释道。

　　"看来手机早已不仅是打电话的工具了，快成为一个无所不能的个人助理了。可以想象未来的手机会集成越来越多各种用途的传感器。"吴小白总结道。

　　手机中的传感器如图 2-1 所示。

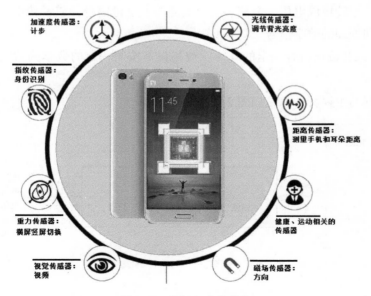

图 2-1　手机上的传感器

### 2.1.1 传感器的定义

物联网不仅仅是传感器之间的网络连接，更重要的是具备一定程度的智能处理能力。没有智能处理能力，传感器连接起来用处就不大了。感知层主要就是传感器和智能元件二者的结合。有些物联网的场景比较复杂，需要各种传感技术的聚合性应用，通过部署多种类型传感器来捕获不同内容和格式的实时信息；智能元件把这些不同内容和格式的信息进行分析处理，可以加工出有意义、有价值的数据。这些数据可以由感知层的通信模块发送出去，通过网络层传到平台层去。

传感器是物联网感知世界的首要环节，是物联网的基石。传感器主要是用来采集或测量原始信息的。传感器是一种检测装置，是将能感受到的被测量信息，按照一定的规律转换成电信号或其他所需形式的信号并输出的器件。传感器测量的信息是非电量信息或非数字信息，不便于处理和分析；但传感器输出的信号可以方便地进行传输、处理、存储、显示、记录和控制。因此，传感器是自动检测和自动控制的首要环节，是物联网应用中的信息来源。

从传感器上述的定义可知，传感器一般具有以下特性。

1）信息检测功能：传感器能够感受到诸如力、温度、光、声、化学成分等非电学量。

2）信号转换功能：传感器可以将一种信号形式转换成另一种信号形式。如将非电量信号转换成电压、电流、电路通断等电学量信号，或者转换成可以直接进行分析和处理的数字信号。

3）输入和输出符合一定的规律：被测量是按照一定的数学函数法转换成可用信号的。

传感器的主要特性总结如图 2-2 所示。

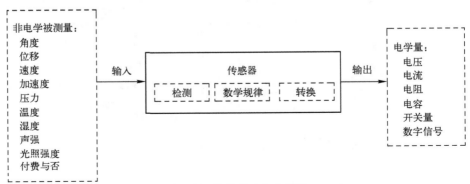

图 2-2　传感器的主要特性

## 2.1.2 传感器的组成

传感器是物理世界的"感觉器官",由敏感元件和转换元件组成(见图 2-3),分别完成检测信号和转换信号的功能,也就是主要负责"传"和"感"两件事。

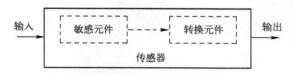

图 2-3 传感器的组成

敏感元件是传感器的重要组成部分,能敏锐地感受某种物理、化学、生物的信息,在电子检测设备的输入部分中可以起到检测信号作用。如图 2-4 所示,在日常生活中,有些人是过敏体质,比如说对花粉过敏,对某种气味过敏,对某种食物过敏。"过敏"就是"过于敏感"。

图 2-4 过敏体质

过敏体质有时给人带来不便,但传感器里敏感元件的"过敏"则可以起到测量作用。敏感元件是利用材料的某种敏感效应制成的。敏感元件可以按敏感的物理量来命名,比如对热敏感,叫热敏元件;对光敏感,叫光敏元件;对磁敏感叫磁敏元件;对压力敏感叫力敏元件;对某种气体敏感,叫气敏元件。在电子设备中,就是采用敏感元件来感知外界信息的。

转换元件是传感器中能将敏感元件的输出转换为适于传输和测量的电信号的部件。数字传感器还需要将电学量转换数字量的模-数转换器。有些简单的传感器把敏感元件与转换元件合并在一起,如湿度传感器、体温计等。但是现在的传感器向多功能、智能化、数字化的方向发展,这两部分分离是普遍趋势。

### 2.1.3　传感器的分类

在生产和生活的实际过程中，有各种各样的传感器，如图 2-5 所示。

图 2-5　各种各样的传感器

从不同的角度出发，传感器可以分为不同的类别，如图 2-6 所示。

按照被测量的不同，可以分为温度传感器、湿度传感器、位移传感器、压力传感器、加速度传感器、气体传感器等。

按照工作机理分类，可以分为电学式传感器、磁电式传感器、光电式传感器、电化学传感器、压电式传感器、气敏传感器、激光传感器等。

按照敏感材料的不同，可以分为半导体传感器、陶瓷传感器等。半导体传感器不仅灵敏度高、响应速度快、体积小、质量轻，且便于实现集成化，在今后的一定时期，仍占有主要地位。陶瓷传感器是由一定化学成分组成，经过烧结成形

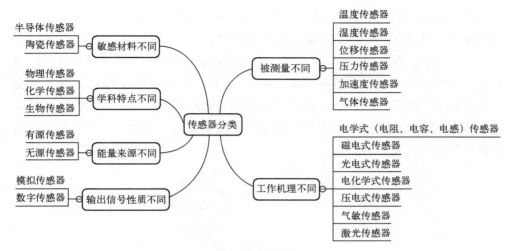

图 2-6　传感器的分类

的有特殊功能的陶瓷材料，其最大的特点就是具有耐热性，在很多高温的特殊场景中具有很大的应用潜力。

按感受信息的学科特点不同，可以分为物理传感器、化学传感器、生物传感器等。物理传感器用于完成视觉、听觉、触觉功能，接收的是光、声波、压力等的物理信息。化学传感器或生物传感器可以代替嗅觉、味觉功能，在医学领域有特殊的应用。

按传感器能量来源不同可以分为有源传感器和无源传感器。按传感器输出信号的性质可以分为模拟传感器和数字传感器。

## 2.1.4　几个概念的区别

英文中常见的用来表示传感器的词有 Sensor、Transducer、Transmitter。这三个词虽然在很多场景中都表示传感器，但其含义有联系也有区别。

Sensor 主要指传感器中的敏感元件，俗称探头。利用 Sensor 可以直接反映出被测物理量的变化，比如温敏电阻、热电偶。探头输出的信号如温度、热量、压力、流量、液位等转交下级电路处理。

Transducer 主要指传感器中的转换元件，俗称变送器。Transducer 的作用是把测量值变换成系统所能接收的信号。Transducer 从一个系统接受功率，以另一种形式将功率送到第二个系统中。从这个意义上说，也可称之为换能器。很多人把 Transducer 直接翻译成传感器，概念的外延给扩展了。

Transmitter 也是变送器，其概念和 Transducer 接近，可以包含探头，也可以外接探头，可以直接将信号转换为仪表盘的读数。

举个例子，在某食品加工厂现场，有一个需求：把温度信号转换为 4~20 mA 的标准电流信号。可以使用热电偶（Sensor）和一个变送器（Transducer）来完成这个任务，如图 2-7 所示。这样热电偶（Sensor）可感知到温度变化，Transducer 可把实际的温度大小转换成电流信号，然后就可以送到下一级的模拟信号转换模块进行处理了。

图 2-7　带热电偶的温度变送器

## 2.2　如何挑选好的传感器

"我要设计一个电子温度计，市面上的温度传感器很多，如何选择性能好的传感器呢？"吴小白问道。

"什么叫性能好？得有个衡量标准。便宜的、体积小的、耗电少的都是物理特性的标准。"武先生道。

"我想要它的精度高，能够测量细微的温度变化。"吴小白说道。

"这就涉及传感器静态特性的两个指标。精度高代表静态误差小，分辨率高代表能够测量细微的温度变化。"武先生道。

"传感器有静态指标，是不是还有动态指标呢？"吴小白问。

"那当然了，动态指标是传感器跟踪信号变化的能力。"武先生道。

"传感器做好后，可以一劳永逸么？"吴小白问。

"那太理想了吧。传感器做好后，随着时间或环境的变化，会发生输出的零点现在可能不是零点了，其他输出和输入的对应关系也有可能发生变化。"武先生道。

"那怎么办呀？"吴小白问。

"你得与标准传感器对照，重新对传感器的输入和输出进行标定。"武先生道。

## 2.2.1 传感器特性

传感器可将某一输入量转换为可用的输出信息。传感器是被测量信息的输入和输出的有用信号具有一定数学规律的器件。也就是说，传感器的输出和输入的关系和特性可以用某种数学方程式或函数来表征。在设计、制造、校正和使用传感器的时候，希望输出量能够不失真地反映输入量。所以，在选择传感器的时候，这种输入量和输出量的关系是否稳定、可靠、精确是最需要考虑的。

由于不同性质的传感器有不同的输入、输出的数学关系。同一个传感器，输入信号的状态不同，输出信号的特性也不相同。传感器的输入量可以是不随时间变化的静态量和随时间而变化的动态量。对应静态输入的输出量和对应动态特性的输出量之间的特性差异较大。所以，可以把传感器的输入信号和输出信号的关系分为静态特性和动态特性来分别表述。也就是说，要从传感器的静态输入输出关系和动态输入输出关系两方面来建立传感器输入输出的数学模型。传感器的静态特性和动态特性如图2-8所示。

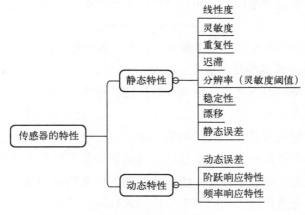

图2-8 传感器的特性

在进行物联网的感知层设计的时候，如何选择所需要的传感器呢？当然是要选择性能好的传感器。那么什么是高性能的传感器呢？

高性能的传感器必须具有良好的静态和动态特性，从而完成无失真的输入输出信号转换。

一个传感器必然具备线性度、灵敏度、重复性、迟滞、分辨率（灵敏度阈值）、稳定性、漂移、静态误差（精确度）等静态特性和动态误差、频率响应、阶跃响应等动态特性。因此，传感器使用场景的不同会造成传感器自身特性的不稳定。在实际应用中，需要依据不同的应用场景对传感器提出不同的指标要求，包括静态指标要求（如线性度、高灵敏度、稳定性、高精度、无迟滞性、可重复性、宽测量范围）、动态指标要求（高响应速率）和物理指标要求（容易调节、工作寿命长、互换性好、成本低、尺寸小、重量轻和强度高、抗老化、抗环境影响）等。

## 2.2.2 静态特性

静态信号是指输入信号不随时间变化，输入量对时间 $t$ 的各阶导数等于零。传感器的静态模型是指在静态信号作用的情况下，描述输出量与输入量的一种函数关系。传感器的输入量恒定或缓慢变化，其对应的输出量也工作在了相应的稳定值状态，这时，传感器处于静态工作条件下。传感器在静态工作条件下的输入输出特性就是传感器的静态特性。

传感器的静态数学模型常可表示为输出量是输入量的确定函数。传感器会有迟滞、蠕变等特性，但在使用传感器的数学模型的时候，仅考虑其理想的平均特性，这时，传感器的静态模型可用数学里的 $n$ 次代数方程式来表示，即

$$y = a_0 + a_1 x + a_2 x^2 + \cdots + a_n x^n \qquad (2-1)$$

其中，$x$ 是传感器的输入量，即被测量；$y$ 是传感器的输出量，即测量值；$a_0$ 是零位输出；$a_1$ 是传感器线性灵敏度；$a_2, a_3, \cdots, a_n$ 是非线性项的待定常数。

传感器的静态特性由其内在结构参数决定，输出量与输入量之间的关系曲线称为传感器的静态特性曲线。$a_0, a_1, a_2, a_3, \cdots, a_n$ 决定了特性曲线的形状和位置。不同传感器的数学模型具有不同的项数形式。

传感器的静态特性曲线主要是通过校准试验和曲线拟合来获取的。所谓校准试验，就是在规定的试验条件下，给传感器加上标准的输入量，从而测出相应的输出量。曲线拟合是用适当的曲线来标识输入数据、输出数据关系的过程，一般常用最小二乘法。

传感器的静态特性曲线如图 2-9 所示，一般有以下 4 种情况。

（1）理想的线性特性

理想的传感器应具有这样的特性，输出量正确无误地反映被测的输入量。这时，传感器的数学模型如图 2-9a 所示。在式（2-1）中，$a_0 = a_2 = a_3 = \cdots = a_n = 0$，于是

$$y = a_1 x \tag{2-2}$$

（2）仅有奇次方项的非线性

这是一种较接近理想线性的非线性特性曲线。这种传感器一般在输入量 $x$ 相当大的范围内具有较宽的近似线性范围。它相对坐标原点是对称的，即 $y(-x) = -y(x)$。如图 2-9b 所示。其数学模型为

$$y = a_1 x + a_3 x^3 + a_5 x^5 + \cdots \tag{2-3}$$

（3）仅有一次方项和偶次方项的非线性项

特性曲线方程中，仅包含一次方项和偶次方项，如图 2-9c 所示。因为它没有对称性，所以线性范围较窄。一般传感器设计很少采用这种特性。其数学模型为

$$y = a_1 x + a_2 x^2 + a_4 x^4 + \cdots \tag{2-4}$$

（4）包括多项式的所有项数

这是考虑了非线性和随机性等因素的一种传感器特性。如图 2-9d 所示，即

$$y = a_1 x + a_2 x^2 + a_3 x^3 + \cdots \tag{2-5}$$

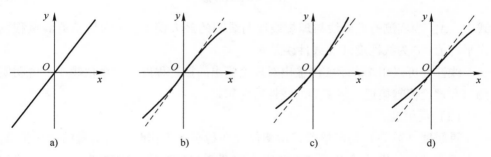

图 2-9　传感器的静态特性曲线

a）理想的线性特性　b）仅有奇次方项的非线性曲线

c）仅有一次方项和偶次方项的非线性曲线　d）包括所有项数的特性曲线

在实际工作中，不存在理想线性关系的传感器静态特性。由于非线性（高次项的影响）和随机变化量等因素的影响，传感器的特性曲线都有一定的非线性。因此，在选用传感器的时候，就需要一些技术指标来衡量传感器检测系统的静态特性，这些技术指标如下。

（1）线性度

传感器的输出不可能丝毫不差地线性反应被测量的变化，总会存在一定的误差。传感器实测的输入输出特性和理想的输入输出特性总会有一定的差距。传感器的线性度是描述传感器静态特性的一个重要指标，指被测输入量处于稳定状态时，输出与输入之间数量关系的线性程度或者是非线性程度。

线性度的定义为：传感器的实测输入输出特性曲线与理想输入输出特性曲线的最大偏差对传感器满量程输出之比的百分数。输入输出的线性度如图 2-10 所示。

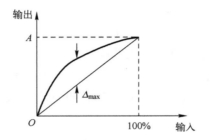

图 2-10 输入输出线性度

线性度（非线性误差）的计算公式为：

$$\delta = \frac{\Delta_{\max}}{A} \times 100\% \qquad (2-6)$$

式中，$\Delta_{\max}$ 为实测特性曲线与理想线性曲线间的最大偏差；$A$ 为传感器满量程输出平均值；$\delta$ 为线性度（非线性误差）。

线性度可以用来表示实测输出对理论输出的接近程度。这个值越小，说明实测值和理论值越接近，传感器的线性特性越好。

（2）灵敏度

灵敏度（静态）是传感器或检测仪表在稳态下工作时，输出量的变化量 $\Delta y$ 与引起该变化的输入变化量 $\Delta x$ 之比，如图 2-11 所示。灵敏度 $S$ 的表达式如式（2-7）所示。

$$S = \frac{\Delta y}{\Delta x} \qquad (2-7)$$

如果传感器特性曲线上，任何点的斜率均相等，即为直线，那么传感器的灵敏度为常数。

$$S = \frac{\Delta y}{\Delta x} = a_1 \qquad (2-8)$$

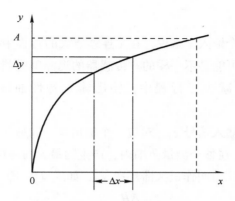

图 2-11　传感器的灵敏度

如果传感器的输入输出特性为非线性，则灵敏度不是常数，而是随输入量的变化而改变。灵敏度是一个有单位的量，其单位取决于传感器输出量的单位和输入量的单位。

灵敏度 $S$ 是传感器静态特性的一个重要指标。在选用传感器的时候，需要重点考虑。

（3）重复性

传感器的重复性是指输入量 $x$ 按同一方向做全程多次测试时，输出量 $y$ 所得特性曲线不一致的程度。最大的不一致程度 $\Delta R_{max}$ 和输出量最大量程 $A$ 之比就是重复度 $\gamma_R$，如图 2-12 所示。这个值越小，说明传感器在进行测试时，输入输出的关系越一致，性能越好。

$$\gamma_R = \pm \frac{\Delta R_{max}}{A} \times 100\% \qquad (2-9)$$

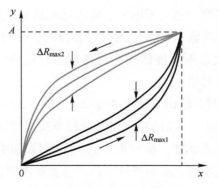

图 2-12　传感器的重复度

（4）迟滞

传感器对于同一个输入 $x$ 来说，在 $x$ 连续增大的行程中和在 $x$ 连续减小的行程中，输出信号 $y$ 值可能是不一样的。传感器的迟滞就是指传感器在正向（$x$ 增大）行程和反向（$x$ 减少）行程中，输出输入特性曲线不重合的程度，如图 2-13 所示。

对于同一大小的输入信号 $x_0$，对应一个输出量 $y_i$ 和另一个输出量 $y_d$ 之间的差值 $\Delta H$，叫滞环误差。在整个测量范围内，产生的最大滞环误差用 $\Delta H_{max}$ 表示，它与满量程输出 $A$ 值的比值叫作最大滞环率 $\gamma_H$，如式（2-10）所示。

$$\gamma_H = \pm \frac{\Delta H_{max}}{A} \times 100\% \qquad (2\text{-}10)$$

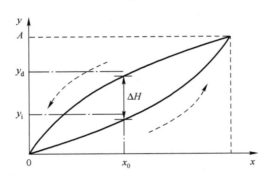

图 2-13　传感器的迟滞特性

（5）分辨率

分辨率也称灵敏度阈值，传感器在规定的范围内，所能检测出的输入量的最小变化值。引起传感器输出量产生可观测的微小变化，输入量的变化值不能太小，如果太小，传感器就会感知不出来。输入量在从 0 开始增加的时候，输出量并不随之相应变化；而是输入量变化到一定程度时，输出才突然产生阶跃变化。即传感器的输入输出关系不可能做到绝对连续，它的特性曲线也不是十分平滑的，而是有许多微小的起伏。

当输入量改变 $\Delta x$ 时，输出量变化 $\Delta y$，$\Delta x$ 变小，$\Delta y$ 也变小。$\Delta x$ 小到一定程度，输出量就不再变化了，这时的 $\Delta x$ 就是分辨率或灵敏度阈值。

比如有的水表中的流量计，在水流小到一定程度的时候，是检测不出来的。当水一滴一滴地向外流出时，水表指针不动，这就是水流没有达到这个水表的灵敏度阈值。

（6）稳定性

在室温条件下，经过相当长的时间间隔，给定同样的输入，传感器的输出值与初始标定的输出值之间的差异能够体现其稳定性。这个差异越小，说明传感器的性能越稳定。

（7）漂移

受外界环境的影响，传感器的输出量产生与输入量无关的、不需要的变化，叫作漂移。没有漂移，说明传感器的性能好。从产生的结果上分，漂移可分为零点漂移和灵敏度漂移；从产生的原因上分，漂移分为时间漂移和温度漂移。时间漂移是指在规定的条件下，零点或灵敏度随时间缓慢变化；温度漂移为环境温度变化而引起的零点或灵敏度漂移。漂移的分类如图 2-14 所示。

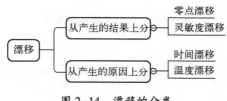

图 2-14　漂移的分类

（8）静态误差（精度）

静态误差，也叫精度，是传感器在其全量程内，任一点的输出值与其理想输出值的偏离程度。传感器静态误差的大小是由基本误差极限和温度、湿度、电源波动、频率等影响因素引起的改变量的极限综合决定。

## 2.2.3　动态特性

传感器的动态特性指传感器输入信号动态变化时，它的输出随之变化的特性。常用传感器对某些标准输入信号的响应来表示，如阶跃响应、频率响应等。

举例来说，用一个温度计测量体温，温度计放置的环境温度为 25℃，人体的温度为 37℃，置于人体的温度计测试的温度变化情况如图 2-15 所示。温度计的输入从环境温度变化成人体温度，相当于输入信号动态变化了。这个时候，温度计测量的输出，并不是立刻反映了人体温度的实际情况，而是有一个逐渐接近人体温度的过程。这个输出变化的过程，就是动态特性曲线。在某一时刻，温度计输出的值与输入之间的差异，称之为动态误差。

（1）阶跃响应

当给静止的传感器输入一个单位阶跃函数（式（2-11））信号时，其输出特

性称为阶跃响应特性，如图 2-16 所示。

$$u(t) = \begin{cases} 0, & t \leq 0 \\ 1, & t > 0 \end{cases} \tag{2-11}$$

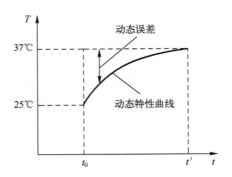

图 2-15 传感器的动态曲线

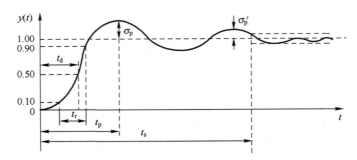

图 2-16 阶跃响应特性

其中，

最大超调量 $\sigma_p$ 是响应曲线偏离阶跃曲线的最大值；

延滞时间 $t_d$ 是阶跃响应达到稳态值 50% 所需要的时间；

峰值时间 $t_p$ 是响应曲线到第一个峰值所需要的时间；

响应时间 $t_s$ 是响应曲线衰减到稳态值之差不超过±5% 或±2% 时，所需要的时间。也称过渡过程时间。

上升时间 $t_r$ 的三种定义如下。

1）响应曲线从稳态值的 10% 达到 90% 所需要的时间。

2）响应曲线从稳态值的 5% 达到 95% 所需要的时间。

3）响应曲线从零到第一次到达稳态值所需要的时间。

对有振荡的传感器，上升时间的定义常用 $c$ 来表示；对无振荡的传感器，上

升时间的定义常用 $a$ 来表示。

（2）频率响应

当给一个静止的传感器输入一定频率的正弦函数信号时，其输出特性称为频率响应特性。频率响应特性可以分为幅值频率响应和相位频率响应。

幅值频率响应 $A(\omega_0)$ 如图 2-17 所示，表示传感器的幅频特性，即传感器的输出与输入的幅度比值随频率的大小而变化，也称为传感器的动态灵敏度（或增益）。

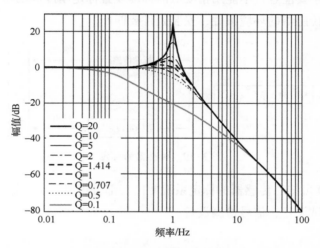

图 2-17　幅值频率响应

相位频率响应 $\phi(\omega)$，如图 2-18 所示，表示传感器的输出信号的相位，随频率而变化的关系。

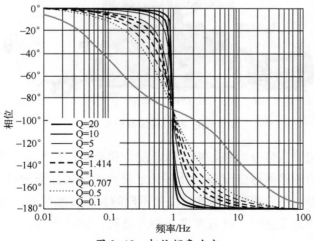

图 2-18　相位频率响应

### 2.2.4 传感器的标定

传感器的标定就是指利用标准器具对传感器输出进行标准化度量的过程。其实质就是待标定传感器与标准传感器之间的比较，如图 2-19 所示。传感器的校准就是传感器使用一段时间后对性能进行复测后的再次标定。为保证精度和可靠性，标定过程中要注意：不能用精度低的标准装置标定精度高的传感器；待标定传感器与标准传感器的环境条件、安装条件要匹配。

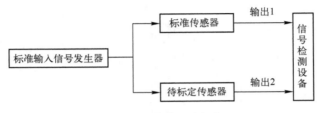

图 2-19 传感器的标定

从图 2-20 可知，传感器的标定系统常由三部分组成：标准输入信号发生器、标准传感器测试设备、信号检测设备。

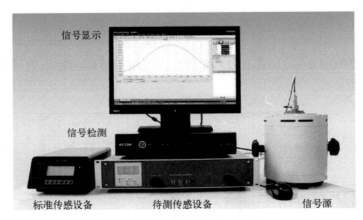

图 2-20 振动传感器标定系统

传感器标定设备可分为静态特性标定设备和动态特性标定设备。图 2-21 列出了部分常用的传感器标定设备。静态标定设备的输入标准量可以是力、压力、位移、温度等等，不同的输入标准量需要不同的标准传感器测试设备和相应的信号检测设备。如力传感器，就需要准备测力砝码、拉式测力计等标准测试器件。

动态标定设备需要准备标准激励信号发生器，可以产生周期性的正弦函数波和瞬变的阶跃函数波，不同类型的标准传感器动态标定设备不同。必要时，需要准备示波器作为信号检测设备，如图 2-22 所示。

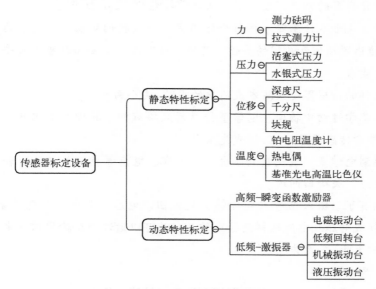

图 2-21　传感器标定设备

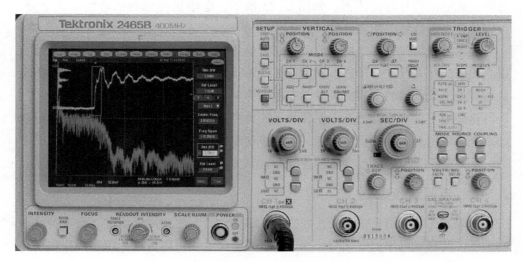

图 2-22　示波器信号检测

## 2.3　电学量传感器

"我看传感器的种类可太多了，从何学起呢？"吴小白问道。

"是的。几十本传感器手册都介绍不完。所以我们从基本、简单的入手，只要了解了传感器原理和应用的共性，其他的就可以在需要的时候查阅手册类书籍了。"武先生道。

"什么样的传感器是最基本最简单的呢？"吴小白问道。

"我们都学过初中物理，电学量传感器只要有初中物理的知识就可以懂。我们就从电学量传感器开始吧。"武先生道。

"一谈到电学量，我就想到了电阻、电容、电感等物理知识。这和传感器有什么关系呢？"吴小白问道。

"当然有了。输入信号只要能够引起电阻、电容、电感这些电学量的变化，就可以转换成电压或电流这样的输出信号，就可以通过测试输出信号来间接知道输入信号的大小。"武先生道。

"哦，原来如此！"

所谓电学量传感器，就是能利用电学量作敏感元件或者转换元件，把输入信号转换成输出信号的传感器。如图 2-23 所示，电学量传感器从转换形式上分，可以分为电参数和电能量两种。

电参数这种转换形式依赖的中间电学参量有电阻、电容、电感、频率，还可以利用电的开关量进行计数、利用角度编码器进行信号的数字化转变等。电能量这种转换形式依赖的中间电学参量有电动势（电压）、电荷。

这些电学量传感器的工作原理共同的特点是，由于某种电学效应，输入信号的变化可以引起中间参量的变化，从而带动输出信号做出相应的变化。

下面列举一些典型的电学量传感器，介绍它们的基本工作原理、典型的测量应用。

### 2.3.1　电阻式传感器

电阻式传感器是将被测量，如位移、形变、力、加速度、湿度、温度等这些物理量，转换成电阻值变化的传感器。电阻值的变化可以通过一定的转换电路转变为电流或电压的变化。电阻式传感器的基本原理如图 2-24 所示。电阻式传感器按照其工作原理的不同，可以有电位式传感器、应变式传感器、金属热电阻、热敏电阻、气敏电阻、湿敏电阻等。

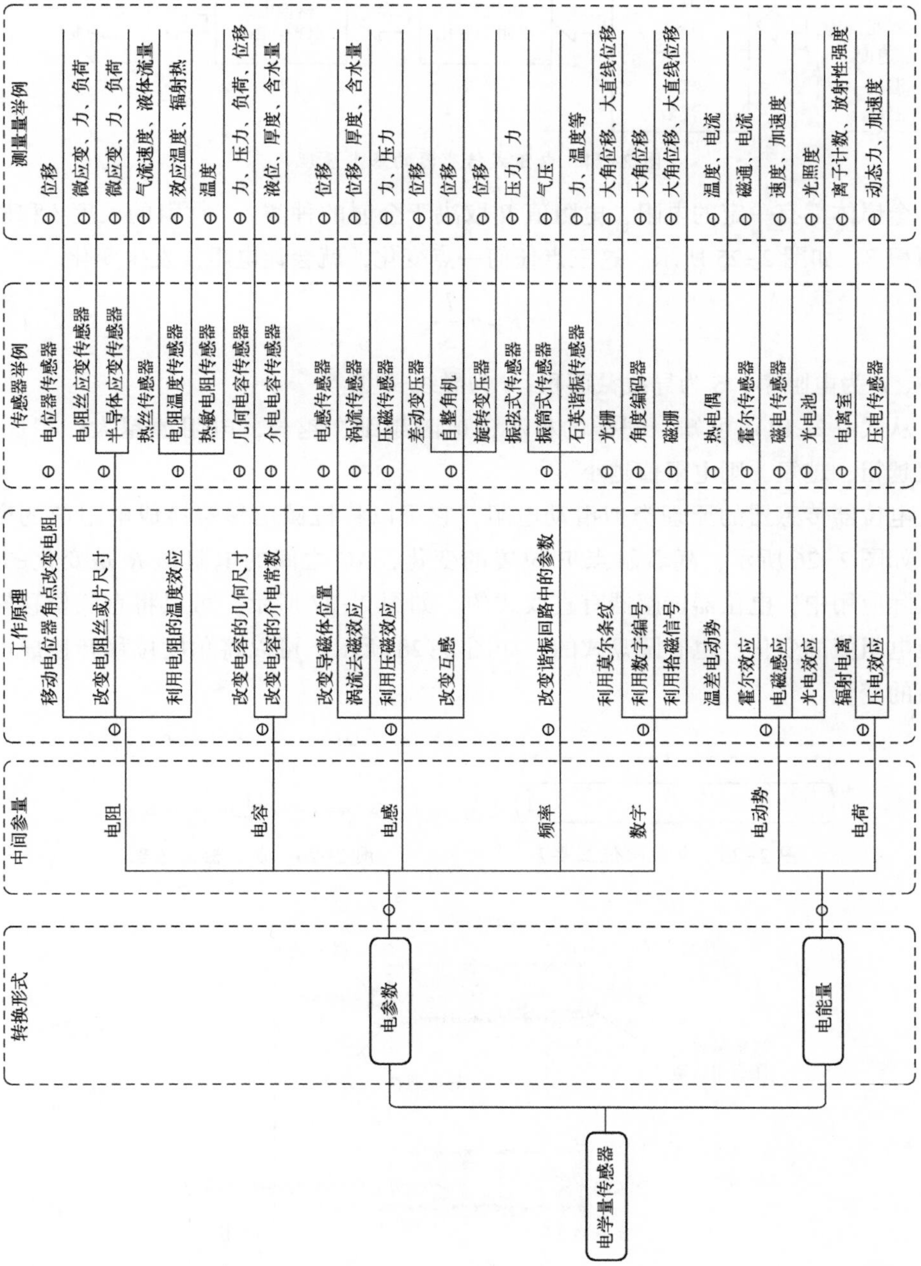
转换形式
中间参量
工作原理
传感器举例
测量量举例
电学量传感器
电参数
电能量
电阻
移动电位器角点改变电阻
电位器传感器
位移
改变电阻丝或片尺寸
电阻丝应变传感器
微应变、力、负荷
半导体应变传感器
微应变、力、负荷
利用电阻的温度效应
热丝传感器
气流速度、液体流量
电阻温度传感器
效应温度、辐射热
热敏电阻传感器
温度
电容
改变电容的几何尺寸
几何电容传感器
力、压力、负荷、位移
改变电容的介电常数
介电电容传感器
液位、厚度、含水量
电感
改变导磁体位置
电感传感器
位移
涡流去磁效应
涡流传感器
位移、厚度、含水量
利用压磁效应
压磁传感器
力、压力
改变互感
差动变压器
位移
自整角机
位移
旋转变压器
位移
频率
改变谐振回路中的参数
振弦式传感器
压力、力
振筒式传感器
气压
石英谐振传感器
力、温度等
数字
利用莫尔条纹
光栅
大角位移、大直线位移
利用数字编号
角度编码器
大角位移
利用拾磁信号
磁栅
大角位移、大直线位移
电动势
温差电动势
热电偶
温度、电流
霍尔效应
霍尔传感器
磁通、电流
电磁感应
磁电传感器
速度、加速度
光电效应
光电池
光照度
电荷
辐射电离
电离室
离子计数、放射性强度
压电效应
压电传感器
动态力、加速度

图2-23 电学量传感器简介

图 2-24　电阻式传感器的基本原理

金属体都有一定的电阻，电阻值 $R$ 取决于金属的种类 $\rho$、材料的长度 $l$ 和横截面积 $S$。如图 2-25 所示。这三点任何一点变化，就会让电阻值发生变化。

$$R=\rho\frac{l}{S} \qquad\qquad (2-12)$$

式中，$\rho$ 为电阻率；$S$ 为导线截面积；$l$ 为导线长度。

从式（2-12）可知，同样的材料，电阻越细、越长，电阻值越大；相反，电阻越粗、越短，则电阻值越小。

电位器传感器的原理类似滑动电阻，它可以将机械位移转换成电阻值的变化。如图 2-26 所示，随着触点 P 位置的变化，AC 之间的电阻值 $R$ 是变化的。在实际应用中，电位器传感器有直线式的，如图 2-27 所示，可以将直线位移转变成电阻值的变化；也有圆盘式的，如图 2-28 所示，可以将角度位移转换成电阻值的变化。

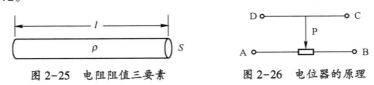

图 2-25　电阻阻值三要素　　　　图 2-26　电位器的原理

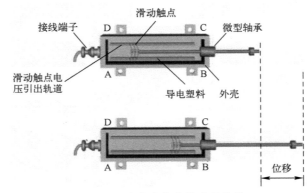

图 2-27　直线式电位传感器结构

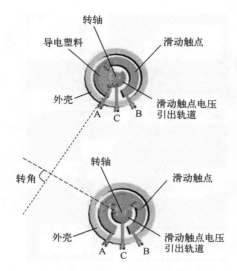

图 2-28　圆盘式电位传感器结构

　　传感器中的电阻应变片具有金属的应变效应，即在外力作用下产生机械形变，从而使电阻值随之发生相应的变化。如图 2-29 所示，当加有外力 $F$ 时，就会产生长度的变化和横截面面积的变化。金属若变细、变长，则阻值增加；若变粗、变短，则阻值减小。这种传感器就是应变式传感器。在实际应用中，应变式传感器如图 2-30 所示。

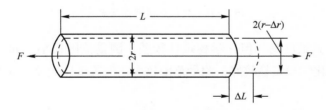

图 2-29　应变式传感器原理

　　传感器中有些材料的导电性能与温度有直接的关系，半导体材料的导电性能随温度升高而变好，电阻率随温度升高而减小；金属导体的导电性能随温度升高而降低，电阻率随温度升高而增大，如图 2-31 所示。这种随温度的升高电阻率降低的半导体材料可称之为热敏电阻；而随温度的升高电阻率升高的金属材料（如铂、铜）可称之为金属热电阻。热敏电阻或金属热电阻能够将热学量（温度）通过一定的电路转换为电阻这个电学量。

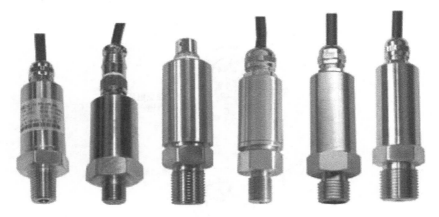

图 2-30　金属应变式传感器样图

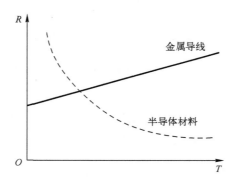

图 2-31　材料电阻随温度变化

　　热敏电阻灵敏度高，但化学稳定性较差，测量范围较小，如图 2-32 所示；金属热电阻的化学稳定性较好，测量范围较大，但灵敏度较差，如图 2-33 所示。

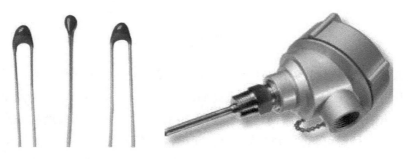

图 2-32　热敏电偶　　　　　　　图 2-33　铂热电阻

　　在冶金、电力、交通、石化、商业、生物医学和国防等领域，电阻式传感器与相应的转换电路结合可组成的测力、测压、称重、测位移、加速度、扭矩等测量仪表，在进行自动称重、过程检测和实现生产过程自动化中有着广泛的应用。

电阻式传感器在使用过程中具有电信号输出稳定、响应速度快以及体积小、重量轻等优点，但工业现场应用时，也会有如下缺点。

1）较大的非线性且输出信号较弱。

2）时漂、温漂较大。随着时间和环境的变化，构成传感器的材料和器件性能会发生变化，所以不适用于长期监测。

3）易受到电场、磁场、振动、辐射、气压、声压、气流等的影响。

为了克服常用电阻式传感器的这些缺点，人们在不断地寻找新型材料。如问世不久的酚醛胶、聚酰亚胺胶材料，能够有效地克服上述电阻传感器时漂、温漂、易受电场和磁场等影响的缺点，大幅提高测量的精度和线性度。

## 2.3.2 电容式传感器

电容式传感器就是将被测量，如位移、角度、振动、速度、压力、成分分析、介质特性等物理量转换为电容值变化的一种传感器装置。图 2-34 是一种电容钢板测厚仪，钢板放在传动轮上，钢板的厚度变化可以引起电容的变化，然后根据电容变化的大小来控制轧辊的力度，从而实现钢板厚度的闭环控制。

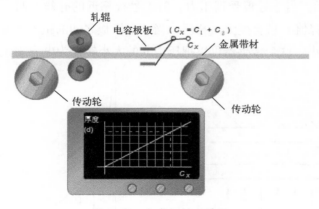

图 2-34　电容钢板测厚仪

电容量的变化可以通过电路转换成电压和电流的变化。电容式传感器实际上就是把一个可变参数的电容器作为敏感元件，其基本原理如图 2-35 所示。最常用的电容式传感器是平行板型电容器或圆筒型电容器。

图 2-35　电容式传感器的基本原理

如图 2-36 所示，电容量 $C$ 的大小取决于两个极板的有效面积 $S$、两个极板间的间距 $d$ 以及极板间的介电常数 $\varepsilon$，如式（2-13）。

$$C = \varepsilon \frac{S}{d} \qquad (2\text{-}13)$$

式中　$\varepsilon$——介质介电常数；

　　　$S$——极板面积；

　　　$d$——极板间距离。

因此，根据改变电容大小原理的不同，电容式传感器可分为变极距型、变面积型和变介质型三种类型。

图 2-36　电容大小三要素

变极距型电容传感器，是通过改变两个极板之间的距离来改变电容的大小，如图 2-37 所示。当 2 号板受到压力 $p$ 向 1 号板靠近的时候，两个极板之间的距离 $d$ 变小，电容值 $C$ 就会变大。相反，当两个极板之间的距离 $d$ 变大的时候，电容值 $C$ 就会变小。这个传感器可以把压力 $p$ 的大小转变为电容 $C$ 的大小。

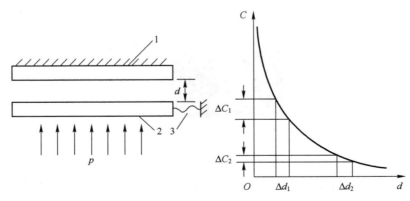

图 2-37　变极距电容传感器

变面积电容传感器通过改变两个极板之间的有效面积来改变电容的大小，如图 2-38 所示。依据传感器极板形状，变面积电容传感器可分成平板形、圆柱形、圆盘形；按位移的形式分为线位移和角位移两种。

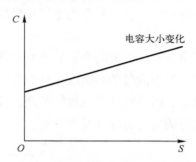

图 2-38　电容值随有效面积的变化而变化

平板线位移型变面积电容传感器，如图 2-39 所示，当可动极板向左移动时，两个极板间的有效面积 $S$ 变小，电容 $C$ 相应也变小。当可动极板向右移动时，两个极板间的有效面积 $S$ 变大，电容 $C$ 相应也变大。这个传感器可以把水平位位移 $x$ 的大小转变为电容 $C$ 的大小。

圆柱线位移型变面积电容传感器如图 2-40 所示。当外围圆柱沿直线向下运动的时候，有效面积 $S$ 增加，电容值变大；当外围圆柱沿直线向上运动的时候，有效面积 $S$ 减小，电容值变小。这个传感器可以把垂直位移 $x$ 的大小转变为电容 $C$ 的大小。

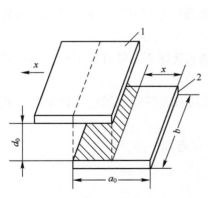

图 2-39　平板线位移型变
面积电容传感器

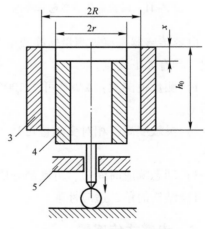

图 2-40　圆柱线位移型变
面积电容传感器

圆盘角位移型电容传感器如图 2-41 所示，当旋转角度 $\theta$ 增大的时候，有效面积 $S$ 减少，电容减少；当旋转角度 $\theta$ 减少的时候，有效面积 $S$ 增大，电容增大。它可以把旋转角度 $\theta$ 转换成有效面积的大小，进而转变成电容大小。

与变极距型电容传感器相比，变面积型的电容传感器适用于较大的角位移及直线位移的测量。

变介质型电容传感器通过改变极板间介质的介电常数，进而改变电容量的大小，在工业上常用来检测容器中液位的高度或片状电介质厚度，如图 2-42 所示。随着测量液位的升高和降低，内外圆柱型极板间的介质发生变化，介电常数相应地发生变化，从而两极板间的电容也随之发生变化。

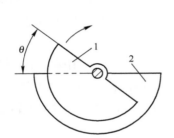

图 2-41　圆盘角位移型电容传感器

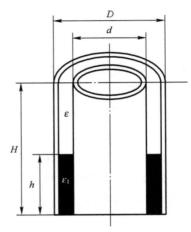

图 2-42　变介质型液位传感器

电容传感器是将被测量转换成电容值的装置，它与电阻传感器和电感传感器相比，具有如下优点。

1）测量范围大：$\Delta C/C$ 可达 100%；差动式传感器的线性范围要比单组式传感器宽。

2）灵敏度高：相对变化量可达 $10^{-7}$；差动式传感器灵敏度要优于单组式传感器。

3）动态响应时间短，可动部分质量小，固有频率高。

4）结构简单、适应性强。

## 2.3.3　电感式传感器

电感式传感器是利用电磁感应把被测的物理量（如位移、压力、流量、振

动等）转换成线圈的自感系数和互感系数的变化，再由电路转换为电压或电流
的变化量输出，实现被测非电量到电量的转换，如图 2-43 所示。电感式位移
传感器是将直线或角位移的变化转换为线圈电感量变化的传感器。把这种传感
器线圈接入测量电路并接通激励电源时，就可获得正比于位移输入量的电压或
电流输出。

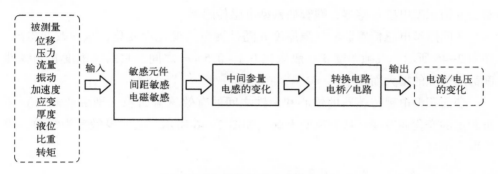

图 2-43　电感式传感器的基本原理

　　如图 2-44 所示，电感量 $L$ 的大小取决于线圈的匝数 $N$、动衔铁和静衔铁
之间气隙的厚度 $\delta$、动衔铁和静衔铁之间有效的截面积 $S$，关系如式（2-14）
所示。一般情况下，传感器的线圈匝数和材料及空气的磁导率都是一定的，$N$
和 $\mu_0$ 是不变的。电感量 $L$ 的变化是常由气隙的厚度 $\delta$ 和有效的截面积 $S$ 的变化
而引起。

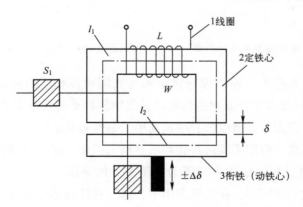

图 2-44　电感式传感器结构图

$$L = \frac{N^2 \mu_0 S}{2\delta}$$

（2-14）

式中　　$N$——线圈匝数；

　　　　$\delta$——气隙的厚度；

　　　　$\mu_0$——空气的磁导率；

　　　　$S$——空气隙的截面积。

根据改变电感大小方式的不同，可以将电感式传感器分为变间隙型电感传感器、变面积型电感传感器、螺管插铁型电感传感器。

变间隙型电感传感器的气隙厚度 $\delta$ 随被测量的变化而变化，从而改变电感，如图 2-45 所示。气隙厚度 $\delta$ 一般取在 0.1 ~ 0.5 mm 之间，它的灵敏度和非线性度都随气隙的增大而减小。

变面积型电感传感器的铁心和衔铁之间的有效覆盖面积（即磁通截面）随被测量的变化而改变，从而改变电感，如图 2-46 所示。它的灵敏度为常数，线性度也很好。

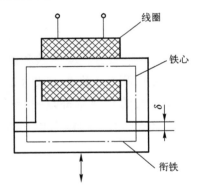

图 2-45　变间隙型电感传感器

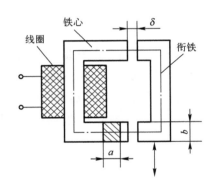

图 2-46　变面积型电感传感器

螺管插铁型电感传感器由螺管线圈和与被测物体相连的柱型衔铁构成，如图 2-47 所示。其基本工作原理是衔铁随被测物体移动时，改变了线圈的电感量。这种传感器的量程大、灵敏度低、结构简单、制作容易。

电感式传感器一般用于国防科研和航空航天工业，用来测量位移或可以转换成位移变化的机械量，如张力、压力、压差、加速度、振动、应变、流量、厚度、液位、比重、转矩等。在实际应用中，这三种传感器常制成差动式，以便提高线性度和减小电磁吸力所造成的附加误差。

电感式传感器的主要使用优点是：

1）无活动触点、可靠度高、寿命长。

2）分辨率高。

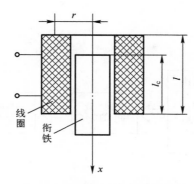

图 2-47　螺管插铁型电感传感器

3）灵敏度高。

4）线性度高、重复性好。

5）测量范围宽。

电感式传感器的主要缺点是：

1）无输入时有零位输出电压，引起测量误差。

2）对激励电源的频率和幅值稳定性要求较高。

3）不适用于高频动态测量。

## 2.3.4　频率式传感器

频率式传感器通过谐振电路将被测量的变化转换为谐振频率变化、再将频率变化转换成直流电流、电压输出，如图 2-48 所示。由于其利用谐振电路的原理，又称之为谐振式传感器。频率式传感器适用于多种参数的测量，如压力、力、转角、流量、温度、湿度、液位、黏度、密度和气体成分等。这种传感器在电力、轻工、化工、纺织、印刷、机械、冶金、电信、交通、自动控制、电子计算机等领域有着广泛的应用场景，是必需的模拟量采集的输入部件，可以精确测量低频、中频、高频等各种频率。

谐振技术其实早在人类创造了音乐时就问世了。上古时期，人们已经会利用长度和直径不同的乐管吹奏不同的音调，即通过改变谐振频率来改变音调。但是在传感器上利用谐振技术，却是从 20 世纪 70 年代才开始的。

频率式传感器的中间参量是频率的大小，是一种准数字信号，周期性地输出，只用简单的数字电路即可将其转换为微处理器容易接受的数字信号。

频率式传感器种类很多，按谐振技术的原理可分为：原子的、电子的和机械

的三类。

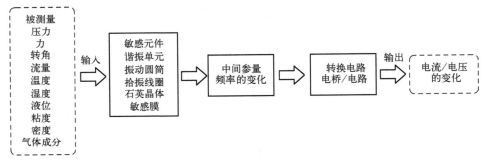

图 2-48　频率式传感器基本原理图

原子频率式传感器是一种利用原子光谱感受外部频率变动的高性能传感器。

电子频率式传感器常用的振荡电路有 RC 振荡电路和石英晶体振荡电路等。

此处重点介绍一下常用的机械式谐振传感器，其基本组成如图 2-49 所示。振动元件是核心敏感部件，称为振子或谐振子。谐振元件，用来在振动元件起振后，及时给它补充能量，可采用闭环结构，也可采用开环结构。补偿装置主要对温度误差进行补偿。频率检测实现对周期信号频率，即谐振频率的检测，从而可确定被测量的大小。

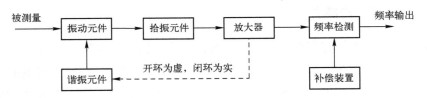

图 2-49　机械式谐振传感器的组成图

常见的振动元件可分为振弦式、振梁式、振膜式和振筒式，如图 2-50 所示，对应的振子形状是通过精密机械加工，以精密合金为材料制成的谐振筒、谐振梁、谐振膜、谐振弯管。机械式谐振传感器的频率范围是 30~100 MHz（即从音频到无线电波频率）。

以振弦式传感器为例，当振弦一定时，谐振频率 $f$ 与张力 $T$ 及长度 $l$ 有关，如式（2-14）所示。振弦式传感器就是将被测物理量转换为 $T$ 或 $l$ 的改变量，相应的谐振频率 $f$ 也会改变，通过频率检测，可以确定被测量的大小。

$$f=\frac{1}{2l}\sqrt{\frac{T}{\rho}} \qquad (2-15)$$

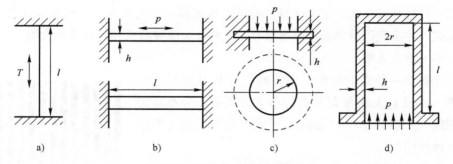

图 2-50　谐振式传感器的常见种类
a）振弦式　b）振梁式　c）振膜式　d）振筒式

　　振弦式传感器具有结构简单牢固、测量范围大、灵敏度高、耐冲击、测量电路简单等优点，广泛用于大压力的测量，也可用来测位移、扭矩、力和加速度等。振弦式传感器在火箭、导弹的惯性导航系统中，以及航空与地面重力测量、地震测量、爆破振动与地基振动测量中，得到了广泛的应用。

　　总的来说，频率式传感器有其使用优势，具体如下。

　　1）输出信号是周期性的，是准数字信号，便于与计算机连接和远距离传输。

　　2）频率式传感器是闭环结构的传感器，处于谐振状态，输出可以自动跟踪输入。

　　3）谐振子固有的谐振特性决定其具有高的灵敏度和分辨率。

　　4）相对于谐振子的振动能量，传感器系统的功耗极小、抗干扰性强、稳定性好。

　　频率式传感器的缺点如下。

　　1）对传感器的材料和加工工艺要求很高、生产周期长、成本较高。

　　2）其输出频率与被测量的关系往往是非线性的，须进行线性化处理才能保证良好的精度。

## 2.3.5　数字式传感器

　　数字式传感器是能够把被测模拟量直接转换为数字量输出的传感器装置。由于是数字量输出，数字式传感器具有测量精度高、分辨率高、抗干扰能力强、稳定性好、易于与计算机系统相连、便于信号处理、自动化测量和远距离传输等优点。

　　数字传感器可分为多种形式，比如脉冲输出式、编码输出式。光栅传感器就

属于一种脉冲输出式数字传感器；编码式传感器可将机械转动的模拟量（位移）转换成以数字代码形式表示的电信号，主要分为脉冲盘式和码盘式两大类。

本书重点介绍一下光栅传感器。

光栅是一种光电器件，在玻璃尺（长条形）或玻璃盘（圆形）上密集刻画着许多宽度相等、分布均匀的刻线（一般为 10~12 mm），形成透光与不透光明暗相间排列的条纹。

光栅的结构如图 2-51 所示，其中光栅上的刻线，叫栅线（不透光），宽度为 $a$，缝隙宽度为 $b$，栅距 $w = a+b$（也称光栅常数）。光栅常数比较小，一般是波长的数倍到数十倍，单位可以是 mm（毫米）、μm（微米）、nm（纳米）。

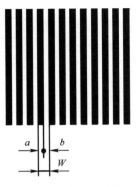

图 2-51 光栅的结构

光栅的种类很多，从不同的角度可以分为不同的类型，如图 2-52 所示。

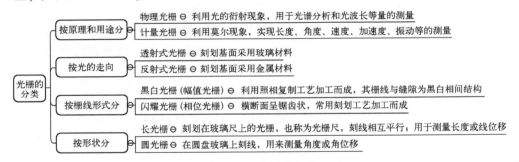

图 2-52 光栅的分类

从光栅的形状上看，长光栅如图 2-53 所示，圆光栅如图 2-54 所示。

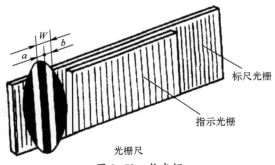

图 2-53 长光栅

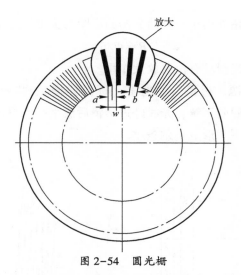

图 2-54　圆光栅

光栅传感器主要是利用光栅的莫尔条纹现象，实现位移、角度、速度、加速度、振动等的测量。光栅的相对移动使透射光强度呈周期性变化，光电元件把这种光强信号变为周期性变化的电信号，从电信号的变化次数可推算出光栅的相对移动量。

当指示光栅和主光栅的刻线相交一个微小的夹角 $\theta$ 时，光源照射光栅尺，两块光栅刻线的重合处，光从缝隙通过，形成亮带，而在刻线彼此错开处，由于阻光作用形成暗带。在与光栅线纹大致垂直的方向上，产生出亮暗相间的条纹，这些条纹称为"莫尔条纹"，如图 2-55 所示。这样，主光栅板发生的位移，就转换成莫尔条纹的移动。

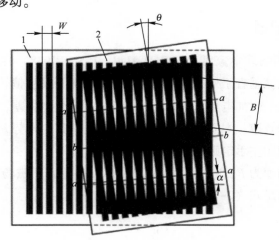

图 2-55　莫尔条纹形成的示例

当光栅之间的夹角 $\theta$ 很小，且两光栅的栅距都为 $W$ 时，莫尔条纹间距 $B$ 为

$$B \approx W/\theta \tag{2-16}$$

由于 $\theta$ 值很小，光栅具有位移放大作用。

光栅传感器由光源、透镜、主光栅（标尺光栅）、指示光栅和光电元件构成。光源和透镜组成照明系统，光线经过透镜后成平行光投向光栅。主光栅与指示光栅在平行光照射下，形成莫尔条纹。

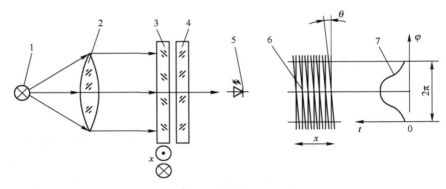

图 2-56　光栅传感器的组成

注：1—光源；2—聚光镜；3—光栅主尺；4—指示光栅；5—光敏元件；6—莫尔条纹；7—光强分布

光敏元件主要有光电池和光敏晶体管，它把莫尔条纹的明暗强弱变化转换为电量输出。

由于光栅传感器测量精度高、动态测量范围广、易实现系统的自动化和数字化，因而在机械工业中得到了广泛的应用。

## 2.3.6　霍尔传感器

1879 年，美国物理学家霍尔（E. H. Hall，1855—1938）在研究金属的导电机制时发现，当电流垂直于外磁场通过导体时，载流子发生偏转，垂直于电流和磁场的方向会产生一附加电场，从而在导体的两端产生电势差，如图 2-57 所示。这一现象就是霍尔效应，本质上是电磁效应的一种。这个电势差也被称为霍尔电势差。霍尔效应使用左手定则判断。

假设磁感应强度为 $B$，电流强度为 $I$，霍尔元件垂直于磁场方向的厚度为 $d$，产生的霍尔电势满足式（2-16）。

$$U_{\mathrm{H}} = k \frac{IB}{d} \tag{2-17}$$

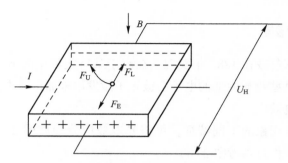

图 2-57　霍尔效应原理图

其中，$k$ 为霍尔系数，其大小与元件的材料有关。

一个霍尔元件的 $d$、$k$ 为定值，再保持 $I$ 恒定，则霍尔电势 $U_H$ 的变化就与磁场强度 $B$ 成正比了。因此可以说，霍尔元件是把磁学量（磁感应强度）转换为电学量（电压）的传感器。霍尔元件又称磁敏元件。

一个霍尔元件一般有四个引出端子，其中两个是霍尔元件的偏置电流 $I$ 的输入端，另外两个是霍尔电压的输出端。如果两个输出端构成外回路，就会产生霍尔电流。

后来在研究中发现，半导体、导电流体等也有霍尔效应，而且比金属器件的效应明显。因此，霍尔效应是研究半导体材料性能、载流子浓度的基本方法。通过霍尔效应实验测定的霍尔系数，能够判断半导体材料的导电类型、载流子浓度等重要参数。

霍尔传感器如图 2-58 所示，具有对磁场敏感、结构简单、体积小、频率响应宽、输出电压变化大和使用寿命长等优点，广泛地应用于工业自动化技术、检测技术、计算机和信息技术等方面。

图 2-58　霍尔传感器

### 2.3.7　光电传感器

德国物理学家赫兹在 1887 年发现，在高于某特定频率的电磁波（光的频率范围）照射下，某些物质内部的电子会被光子激发出来而形成电流，即光生电的现象，称之为光电效应。

根据光电效应现象的不同特征，可将光电效应分为如图 2-59 所示的三类。所涉及的光电元器件可参考图 2-60。

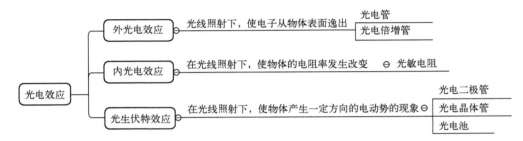

图 2-59　光电效应的分类

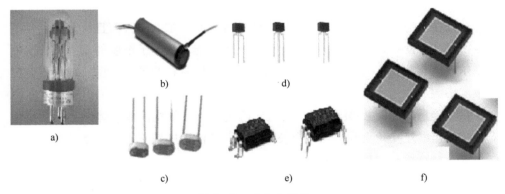

图 2-60　光电元器件

a）光电管　b）光电倍增管　c）光敏电阻　d）光电二极管　e）光电耦合器件　f）光电池

光电传感器是将被测量的变化转换成光信号的变化，后借助光电器件进一步将光信号转换成电信号的传感器。光电传感器一般由光辐射源、光学通路和光电元件三部分组成，如图 2-61 所示。

光电传感器可用于检测直接引起光量变化的非电物理量，如光强、光照度、辐射测温、气体成分分析等；也可用来检测能转换成光量变化的其他非电量，如零件直径、表面粗糙度、应变、位移、距离、振动、速度、加速度，以及物体的形状、工作状态的识别等。如图 2-62 所示，光电式传感器具有精度高、非接触、

响应快、可测参数多、结构简单、性能可靠等特点，因此在工业自动化装置和机器人中获得广泛应用。

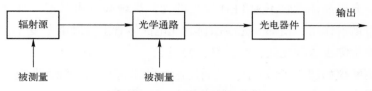

图 2-61　光电传感器原理图

图 2-62　光电传感器

　　下面举例说明光电传感器的应用。

　　在写字楼和商场里，常安装有火灾报警器。报警器带孔的罩子内装有发光二极管（LED）、光电晶体管和不透明的挡板。如图 2-63 所示。

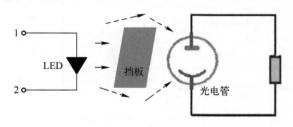

图 2-63　光电烟雾报警器原理

　　光电晶体管，是一种半导体材料，有光敏电阻的功能，具备如下特点。

1）电阻率与光照强度有关。

2）受到光照时，电阻会变小。

3）光敏电阻将光学量（光照强度）转化为电学量（电阻）。

平时，光电晶体管收不到 LED 发出的光，呈现高电阻状态。烟雾进入罩内后，对光有散射作用，使部分光线照射到光电晶体管上，其电阻变小。与传感器连接的电路检测出这种变化，就会发出警报。

激光测距仪如图 2-64 所示，是利用激光技术进行无接触远距离测量的传感器，它由激光器、激光检测器和测量电路组成。激光测距仪的优点是速度快、精度高、量程大、抗光电干扰能力强等。

图 2-64 激光测距仪

激光传感器工作时，先由激光发射二极管对准目标发射激光脉冲，经目标反射后激光向各方向散射，部分散射光返回到传感器接收器。距离的远近可以转变成光的强弱，散射过来的微弱的光，被光学系统接收后成像到雪崩光电二极管上。雪崩光电二极管是一种内部具有放大功能的光学传感器，它能检测极其微弱的光信号，并将其转化为相应的电信号，如图 2-65 所示。

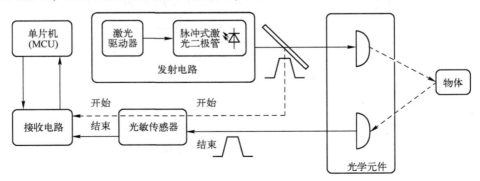

图 2-65 激光测距仪原理

## 2.3.8 压电传感器

某些电介质材料，当沿着一定方向对其施加机械力，使它变形的时候，就会引起内部正负电荷中心相对位移，产生极化现象，同时在材料的两个表面上便产生符号相反的电荷；当外力去掉后，又重新恢复到不带电状态。在一定应力范围内，机械力与电荷呈线性可逆关系。这种现象称为压电效应。

明显呈现压电效应的敏感功能材料叫压电材料，包括压电晶体、压电陶瓷。压电晶体与压电陶瓷都是具有压电效应的压电材料，但不同点是石英的介电和压电常数的温度稳定性比陶瓷好，适合做工作温度范围很宽的传感器。而压电陶瓷的压电系数却是石英的几十倍甚至几百倍，但温度稳定性却差。

压电材料由于受力变形，导致表面产生电荷，叫作正压电效应；压电材料由于通电，导致材料变形，叫作逆压电效应。压电效应和逆压电效应如图 2-66 所示。

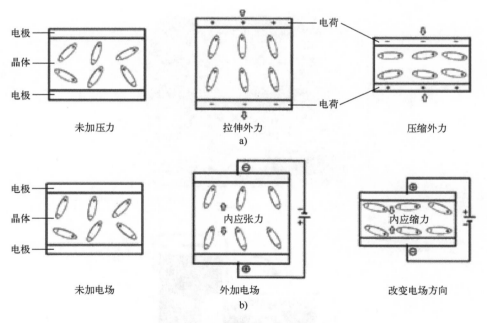

图 2-66　压电效应与逆压电效应

a）正压电效应—外力使晶体产生电荷　b）逆压电效应—外加电场使晶体产生变形

压力 $F$ 和电荷 $Q$ 的关系表式为：

$$Q = d \times F \qquad\qquad (2\text{-}18)$$

其中 $d$ 为压电常数，其大小和具体的压电材料关系较大。

压电式传感器是一种基于压电效应的自发电式或机电转换式传感器。它的敏感元件由压电材料制成。压电材料受力后表面产生电荷，此电荷经电荷放大器或测量电路放大后，就成为正比于所受外力的电量输出。

压电式传感器用于测量力和能变换为力的非电物理量。它的优点是频带宽、灵敏度高、信噪比高、结构简单、工作可靠和重量轻等；缺点是某些压电材料容易受潮，导致压电效应变小，而且直流输出的信号微弱，需要采用高输入阻抗电路或电荷放大器来放大输出信号。

在日常生活中，常用的电子秤如图 2-67 所示，其关键部件重力传感器就利用了压电式传感器的原理，是一种重力转变为电信号的转换装置。

手机上的重力传感器也是利用压电效应实现的。手机的横竖两个方向各有一个重力传感器，每个重力传感器内部有一块重物和压电片整合在一起。通过横竖两个方向产生的电压大小，可以计算出手机的摆放方向，如图 2-68 所示。

图 2-67　电子称

图 2-68　手机横屏竖屏检测

# 第3章　感知拟人化

　　人类有视觉、听觉、嗅觉、味觉、触觉、意识等多种感知能力，有了初步的感知信息后，还可以对感知到的信息进行初步的加工分析，判断出对象的位置、大小等特性。

　　这就是说，人类的感觉系统有两个基本功能：一是检测对象产生的信号，二是对检测到的信号进行加工分析、判断推理，给出对象的特性。前者称为"感知"能力，而后者称为"认知"能力。

　　与人的感官相比，传感器拓宽了人类的感知能力。传感器能够准确地获取外界的信息，如光亮、声音、气味，味道等，并做出迅速、准确的反应。但传感器毕竟是电子产品，不具备"意"的能力，始终存在死板、反应机械等缺陷。

　　如何让传感器模拟人类的感知能力？或者说如何让物体具备人类的感知能力？随着科技水平的提高，传感器的集成化、智能化水平也会越来越高，最终物联网的感知层将具备拟人化的感知，像人类一样带有思维和感情。现在具有特定"智慧"的机器人已经出现并得到了应用。

## 3.1　智能传感器

　　"传感器把被测量转换成电压或电流后，这样的输出我们可以直接使用了么？"吴小白问道。

　　"在数字化的今天，到这里显然还不够。还需要把电压或电流的信号进行模-数转换，进行一些处理和分析，然后显示出来，人们才能看到有意义的数据。"武先生道。

"那进行什么样的处理和分析呢?"吴小白问道。

"我们前面讲过,传感器的性能并不是始终如一的,时间长了,它的零点变化了,灵敏度也恶化了,原来的输入输出对应关系也变化了,比如说测位移的传感器,开始时 0.5 mA 的电流代表位移为 0,1 mA 的电流代表位移为 5 mm,现在 0.6 mA 的电流是位移为 0,1 mA 的电流代表了位移为 4.5 mm,这就是发生了零漂和灵敏度漂移,需要重新标定。如果手工标定,那费时费力。可如果传感器能够自主地进行调零、校正、重新标定,就方便了很多。这就需要智能化的数据分析和处理。"武先生道。

"那就是说,传感器需要进一步智能化。"吴小白说道。

"是的。不过智能化所能干的不只是刚才说的。传感器测量的数据虽然量大,但重复的很多,而且可能还有不合理的数据。这就需要对测量出来的数据进行筛选和异常处理。如果发生故障了,能够自动识别出来。现代传感器往往可以测量多个物理量,传感器应该能够对这些多维数据进行综合分析。"武先生道。

"看来,智能化的含义有很多啊!"吴小白说道。

"是的。智能化的本质就是模拟人脑,如图 3-1 所示,随着科技的进步,智能化还会有更多的内涵。"武先生道。

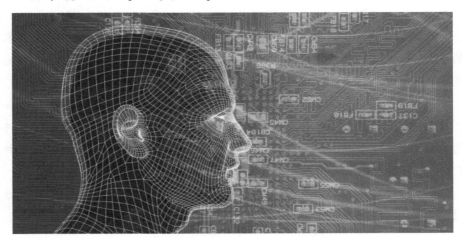

图 3-1　智能化的含义

前面介绍的传统传感器只有"感知"某一对象的本领,还没有"认知"该对象的能力,更没有依据该对象的状态进行进一步处理的能力。随着物联网外延和内涵的不断发展,迫切地需要传感器的"感知"和"认知"能力结合起来,形成在物联网上广泛使用的智能终端。

感知是一切智能的基础；认知是一切智能的体现。

智能传感器是实现人工智能和物联网的基础。相对于传统传感器"感知—输出"的单一功能来说，智能传感器正朝着单片集成化、智能化、网络化、系统化的方向发展。

最早的智能传感器是由美国宇航局在 20 世纪 70 年代开发出来的。在宇宙飞船上需要不断给地面发送温度、位置、速度、状态等信息，用地面上的一台计算机难以处理如此海量、复杂的原始数据。这就需要宇宙飞船上的传感器，对检测到的数据进行初步的处理分析。于是，传感器和计算机微处理器一体化，产生了具有逻辑思维、故障诊断、自校正、自调整、人机通信功能的智能传感器。

英国人将智能传感器称为"Intelligent Sensor"；美国人则更愿意称之为"Smart Sensor"，智能传感器的本质就是带微处理器、具有信息检测和信息处理功能的传感器，如图 3-2 所示。在智能传感器上加上通信模块，它就具有了信息发送和信息接收的功能。

智能传感器可将传感器检测信息的功能、微处理器的信息处理分析功能、通信模块发送和接收信息的功能有机地融合在一起，集感知、认知和交互沟通于一体，是人工智能和物联网的关键元素所在。

图 3-2　传感器智能化

## 3.1.1　智能传感器结构

理解智能传感器，主要掌握以下三点。

首先是传感器，具备信号检测和信号转换等传感器的基本功能。

第二是智能，由于这种传感器集成有微处理器，能够完成数据的智能处理和分析单元，具有自主校零、自主标定、自校正、自动补偿功能，可以智能调节系统内部的性能。

第三是通信，由于智能传感器通常是物联网的神经末梢，它需要把采集到的信息传送到网络上，也需要通过网络接收传送给传感器的控制指令，这就需要有通信交互功能。

因此，一个智能传感器通常由三个模块组成：传感模块、智能处理模块、通信模块。从数据处理的角度看，可以分为数据采集单元、数据处理单元和数据传送单元，如图 3-3 所示。

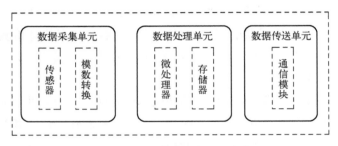

图 3-3　智能传感器的主要组成部分

一个性能优异的智能传感器一定是由微处理器驱动的传感器，同时具有通信功能的仪表套装。数据采集单元包括主传感器、模-数转换模块，它能够对被测对象的测量进行数据采集，转换为数字信号后送往数据处理单元。数据处理单元主要包括微处理器和存储器；微处理器不但可以对信息进行处理、分析和调节，还可以对所测的数值及其误差进行补偿，进行必要的逻辑思考和判断；存储器可将检测到的各种物理量和智能处理后的数据存储起来，并按照指令处理这些数据。智能传感器之间能进行信息交互，依赖于通信模块，是进入物联网信息传送体系的关键节点。

## 3.1.2　智能传感器功能

传统的传感器类似人的眼耳鼻舌身等感官，可以感觉到周边环境的信息。智能传感器则类似是把人的感官和大脑的功能结合起来，具有感觉器官和大脑的双重功能。

如果单靠一个感觉器官，如一个眼睛或一个耳朵，观察运动着的物体，经常会出现偏差；但如果多个感官感觉到的信息，经过大脑统一协调处理，处理结果

就会准确很多，而且甚至可以弥补单一感官的物理缺陷。

同样，单靠传感器的单一敏感元件检测信息，对硬件性能要求比较苛刻，而且这些信息会有异常值、例外值。大量这样的信息汇总后再处理，将会引入很多误差，后续信息处理难度大且成本高。

传感器在本地集成多个敏感元件，然后使用计算机微处理器对数据进行处理和分析后，再发送给平台层进行处理，不但降低了对原来硬件性能的要求，大幅提高了传感器的性能，而且提高了数据分析和处理的效率，降低了数据处理的成本。

智能传感器的主要功能如图 3-4 所示。

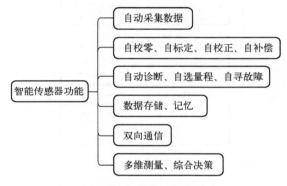

图 3-4　智能传感器功能

（1）自动采集数据

传统的传感器采集数据是被动完成的，有什么样的被测对象、采集什么样的数据，完全由硬件决定。智能传感器可以主动按照指令完成需要的数据采集，什么时候、什么地方开启数据采集功能，采集什么样的数据都自主判断、自动完成。

（2）具有自校零、自标定、自校正、自补偿功能

从事传感器研制的技术人员都知道，传感器的温度漂移和非线性输出是最头疼的事情。传感器硬件本身也会有故障，会产生很多不合理的数值，单纯从传感器硬件本身难以解决。智能传感器在传感器的重复性没有问题的情况下，可以利用微处理器对测试的信号进行计算，采用多次拟合和差值计算的方法，对漂移和非线性进行补偿，从而实现自校零、自标定、自校正、自补偿功能，这样就降低了对传感器硬件精密度的要求，反而提高了整个传感器系统的精确度。

（3）具有自动诊断、自选量程、自寻故障的功能

传统传感器需要定期将传感器从使用现场拆卸下来，送到实验室或检验部门进行检验和标定，从而保证它的工作准确度。传统传感器工作出现异常，不会及时诊断。智能传感器可以在电源接通时进行自检、诊断测试，判断组件是否有故障。微处理器可以把检测数据和已保存的标准计量数据进行比校，实现自选量程、自寻故障的功能，如图 3-6 所示。这就大幅提高了传感器的可靠性和稳定性。

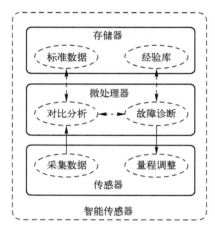

图 3-5　自动诊断、自选量程、自寻故障功能

（4）具有数据存储、记忆功能

智能传感器本身带有存储器，可以存储和记忆探测到的大量数据，也可以记录标准计量数据、异常数据和故障发生时的特征数据，形成经验库，这样可以支撑智能传感器的自学习功能、自排障功能。

（5）具有双向通信功能

智能传感器都可具有数字通信的接口功能，无线通信的组网功能。在物联网中智能传感器能够以数字形式进行双向通信。智能传感器把检测到的数据经过必要的处理发送到网络上，也可以接收从网络来的指令以实现各项功能：如增益的设置、补偿参数的设置、内检参数设置、测量的控制、各种功能的开启等。

（6）具有多维度测量、综合判断、决策处理的功能

传统传感器的敏感元件通过直接或间接的方式测量声、光、电、热、力、化学等信号，只能进行单一通道的处理，如图 3-6 所示。而智能传感器可以同时测量多种物理量和化学量，具有把多个测量量进行整合、分析、形成判断的功能，

给出全面反映被测对象特性的信息，如图 3-7 所示。

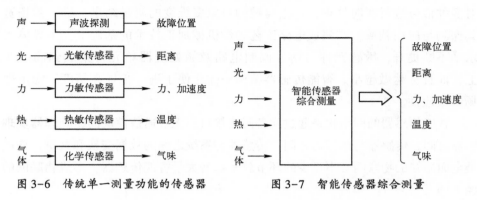

图 3-6　传统单一测量功能的传感器　　　图 3-7　智能传感器综合测量

　　智能传感器可以实现多传感器的多参数综合测量，实现了传感器的多功能化。在相同精度的需求下，智能式传感器与单一功能的普通传感器相比，性价比明显提高。

　　如一种复合液体传感器，可同时测量介质的温度、流速、压力和密度。复合力学传感器可同时测量物体某一点的三维振动加速度（加速度传感器）、速度（速度传感器）、位移（位移传感器）。这些多维的测量量可以整合起来进行分析，弥补了单一途径测量的缺陷，输出的数据更加精确、更加实用。

## 3.1.3　发展趋势

　　智能传感器发展的四个主要方向是集成融合技术、网络化技术、虚拟化技术、人工智能技术。如图 3-8 所示。

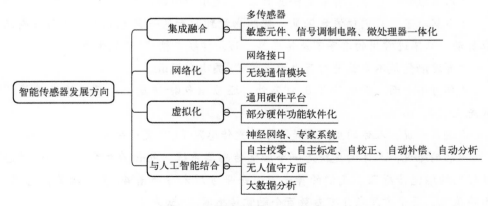

图 3-8　智能传感器的发展方向

多传感器集成融合能够完成多传感器、多参数的混合测量，经过微处理器对多种信号进行实时处理，产生对被测对象多维度的测量结果，进一步拓宽了其探测与应用领域。在集成电路工艺和微机械加工技术的基础上，半导体工艺水平不断提升，敏感元件与信号调制电路及微处理器单元可集成到同一芯片上，而且会越做越小。智能传感器结构一体化便于进一步提高精度、稳定性和场景适应性。

智能传感器的网络化是通过配备网络接口、无线通信模块的微处理器实现传感器之间、传感器与执行器之间、传感器与系统之间的数据交换和共享。构成人类全面感知的物联网必不可少的环节就是部署大量智能传感器，形成物联网的神经末梢。

虚拟化是利用通用的硬件平台，充分利用软件代替特定硬件来实现智能传感器某些功能。虚拟化传感器可缩短产品开发周期、降低成本、提高可靠性。

随着人工智能的快速发展，智能传感器必然会和人工智能相结合，创造出了各种基于模糊推理、神经网络和专家系统等人工智能技术的高度智能的传感器。除了上述自主校零、自主标定、自校正、自动补偿、自动分析的"智能"表现外，智能传感器还将在无人值守领域、大数据分析决策等方面有更多的发展。传感器智能化是物联网发展的必然趋势，物联网技术规模应用也将催熟更多的智能传感器。

## 3.2　智能触觉

"人有触觉，人体上有触觉传感器么？"吴小白问道。

"当然有了。我们仅依靠触觉，就能感觉到背后的一只毛毛虫，从而立刻采取行动。只不过常用的名字不是传感器，而是神经末梢。"武先生道。

"那这触觉是不是就是对压力的感觉？"吴小白问道。

"那可不全面。触觉除了压力感外，还应该包括痛觉、对温度的感觉等。"武先生道。

"这么一说，人体的皮肤就是一个触觉传感器了。"吴小白说道。

"准确地说，人体的皮肤是一个触觉传感器系统，包含着无数个微小的敏感度极高的触觉传感器。我们的鼻子里，每平方厘米分布着40多个触觉传感器；而膝盖上，每平方厘米分布着数百个触觉传感器。"武先生道。

"有没有能够测触觉的传感器？"吴小白问道。

"只靠单一的传统传感器，很难模拟人类的触觉。现代机器人的触觉是由多个智能传感器的测量结果综合分析处理后形成的。"武先生道。

"看来触觉的模拟，不是简单的事情。"吴小白说道。

触觉是人与环境直接接触时的重要感觉功能。人体的触觉传感器其实由多种类型的传感器组合而成，如疼痛传感器、压力传感器和温度传感器等。

在实际的工作和生活中，触觉传感器主要用于机器人模仿触觉功能，是机器人技术发展的关键点之一。触觉传感器是机器人感知外部环境的重要媒介，它对机器人正确地操作目标物体极其重要。在机器人灵活自如运动的前提下，要求触觉传感器能够准确地感知外部环境，读取对象的位置、温度和形状等物理特征，感觉对象的硬度、压力，从而实现对目标物体的各种精准操作，如图3-9所示。

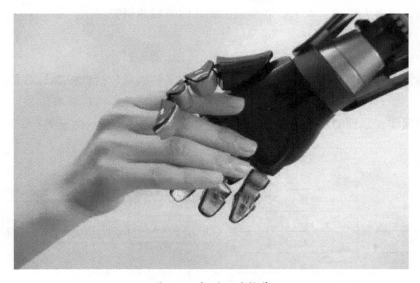

图 3-9  机器人的触觉

## 3.2.1  发展历程

20世纪70年代，伴随着机器人研究的深入，触觉传感技术的研究发展起来。但最初的触觉传感器的研究仅限于判断是否和对象接触、接触力的大小是多少。这和简单的压力传感器的功能差不多。

20世纪80年代，触觉传感技术的积累进入快速增长期。主动触觉感知、触觉数据处理、规模物理传感器组合技术，应用于触觉传感领域。

进入 21 世纪，大量新型的触觉传感器及触觉信号处理方法涌现出来。如在外科手术中，一种压电三维力触觉传感器被安装在手术机器人的指端，它可以比人手更加灵活、更加精确。在海底环境的勘测工作中使用的水下机器人，可精确地感知水下障碍物的状况，完成既定的测量和勘测任务。

近年来，美国研发出一款结合视觉和触觉的机器人，通过触觉感知物体是否滑动来控制握力，进而完成一系列抓取动作，如剥橘子皮、削苹果等。目前的触觉传感器能清晰地感知一只苍蝇或蝴蝶停留在其表面所造成的"触觉"。

智能机器人、人工智能、虚拟现实等技术领域的发展，对触觉传感器提出了更多的要求。触觉传感器必须适应微型化、智能化和网络化的发展趋势，并且能够进行全局检测、多维力检测，完成测量的数据分析，给出精确的判断。

迄今为止，触觉感知机理、触觉传感材料、触觉信息获取、触觉图像识别等都已成为机器人领域、人工智能领域、物联网领域的研究热点。

### 3.2.2  触觉传感器的分类

触觉传感器的分类有狭义和广义之分。狭义的触觉包括机械手与对象接触面上的力感觉。广义的触觉包括触觉、压觉、力觉、滑觉、冷热觉等。

根据实现原理的不同，触觉传感器可分为如图 3-10 所示的五类：

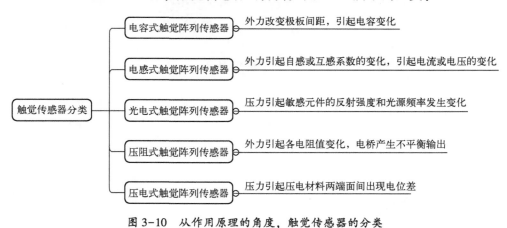

图 3-10  从作用原理的角度，触觉传感器的分类

1）电容式触觉阵列传感器。外力使极板间的相对位移发生变化，从而使电容发生变化。通过检测阵列中不同位置的电容变化量来测量触觉力和位置。

2）电感式触觉阵列传感器。由电磁感应原理可知，压力可转换成电感线圈的自感系数和互感系数的变化，再进一步由电路转换为电压或电流的变化量。阵

列中不同位置的压力不同，电压或电流的变化量也不同。通过检测压力变化可判断触觉力的范围和大小。

3）光电式触觉阵列传感器。当施加在光敏元件界面上的压力发生变化时，传感器敏感元件的反射强度和光源频率也会相应发生变化。通过检测阵列中不同位置的这种变化，判断触觉力的范围和大小。

4）压阻式触觉阵列传感器。根据半导体材料的压阻效应而制成的传感器阵列器件。当测量传感元件受到外力作用而产生形变时，电桥中各电阻值将发生变化，就会产生相应的不平衡输出，从而可以判断出触觉力的范围和大小。

5）压电式触觉阵列传感器。在压力作用下，压电材料两端出现电位差。通过检测阵列中不同位置的电位差，判断触觉力的范围和大小。

从功能的角度分类，触觉传感器大致可分为：接触觉传感器、力觉或力矩觉传感器、压觉传感器和滑觉传感器等。如图 3-11 所示。

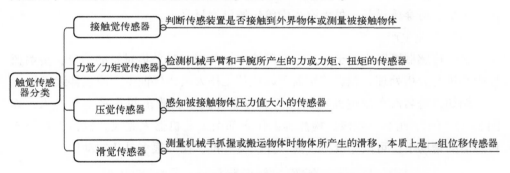

图 3-11 从功能的角度，触觉传感器的分类

1）接触觉传感器用以判断传感装置是否接触到外界物体或测量被接触物体的特征。接触觉传感器有微动开关、导电橡胶、含碳海绵、碳素纤维、气动复位式装置等类型。

2）力觉传感器用来检测机械手臂和手腕所产生的力或其所受的反力。手臂部分和手腕部分的力觉传感器可用于控制机器人手所产生的力，在重体力的工作中以及限制性作业、协调作业等方面应用较广。

3）力矩觉传感器可对各种旋转或非旋转机械部件上的扭转力矩进行感知检测，可以将扭力的物理变化转换成精确的电信号。

4）压觉传感器又称为压力觉传感器，安装于机器人手指上，用于感知被接触物体压力值大小的传感器。压觉传感器的研制关键在材料的选择上，碳素纤维是目前压觉传感器的主要材料。当受到某一压力作用时，纤维片阻抗发生变化，

从而达到测量压力的目的。这种纤维片具有重量小、丝细、机械强度高等特点。另一种典型材料是导电硅橡胶，利用其受压后阻抗随压力大小而变化来达到测量目的。导电硅橡胶具有柔性好、有利于机械手抓握等优点，但灵敏度低、机械滞后性大。

5）滑觉传感器用于判断和测量机械手抓握或搬运物体时物体所产生的滑移。它实际上是一组位移传感器。按有无滑动方向检测功能可分为无方向性、单方向性和全方向性三类。

### 3.2.3 触觉传感器的应用

智能感知代替人体感官，是在各种场景让机器代替人类工作的前提。触觉传感器可以收集被测对象各种各样的信息，并可以把数据反馈给控制中心，然后可以对被测对象进行集中分析，也可以给它下达控制指令。触觉传感器在工业生产、医学、可穿戴设备、外太空探索等领域已大显身手。

（1）工业生产

触觉传感器可以应用于无人生产环境中，负责实时采集对象的信息，传给监控中心进行分析处理。触觉传感器可以代替工作人员，保证生产流程持续运行。

例如，著名汽车制造商特斯拉、宝马等的汽车制造车间几乎空无一人，如图3-12所示，组装、喷漆、检测等工作全部由工业机器人完成。机器人在触觉传感器的帮助下，可以完成抓、握、捏、夹、推、拉等很多灵巧的动作。

图3-12　汽车制造车间的触觉传感器应用

可以这么说，未来人类将逐渐远离生产线和设备，人们的职业方向是在智能机器代替不了的地方。

（2）医学领域

假肢可以帮助肢体残缺的人恢复一定的行为能力，但是触觉的恢复仍然相当困难。前些年，美国的研究人员通过在假手使用者的手臂外围神经中连接压力传感器从而使其获得了触觉，如图 3-13 所示。

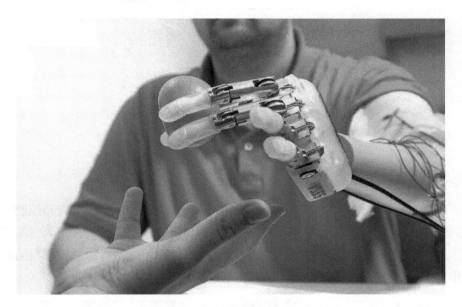

图 3-13　假肢触觉

（3）可穿戴设备

可穿戴触觉传感设备通常构建在弹性基底或者可伸缩的织物上，以获得柔性和可伸缩性。随着材料科学、柔性电子和纳米技术的飞速发展，器件的灵敏度、量程、规模尺寸以及空间分辨率等基础性能得到大幅提升。

可穿戴设备要模仿人与外界环境直接接触时的触觉功能，必须能够对力、热、湿、气体、生物、化学等多种刺激进行准确响应。这就需要触觉传感器向集成化方向发展。针对具体应用，可以将触觉传感器与其他类型的传感器结合构成物联网的神经末梢（如图 3-14 所示）不断逼近人类的感知能力，最终代替人类的感知。

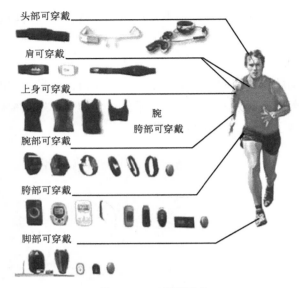

头部可穿戴

肩可穿戴

上身可穿戴

腕
胯部可穿戴

腕部可穿戴

胯部可穿戴

脚部可穿戴

图 3-14　可穿戴设备

（4）外太空探索

如图 3-15 所示，外太空的探索需要借助传感器完成远程的监测和控制。载人航天在人类的外太空活动中只占很少的一部分。大多数情况下，外太空的实验操作需要借助机械手完成，机械手要想准确完成各种动作，对触觉传感器的要求是相当高的。

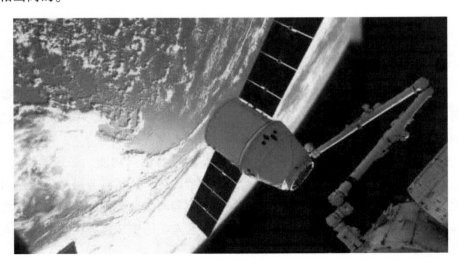

图 3-15　外太空探索

## 3.3　智能视觉

"我和孩子走散了，帮我找找吧。"吴小白跑到派出所说。

"什么时候？在哪里走丢的？"派出所民警说。

"半小时前，在人民广场。"吴小白说道。

派出所民警调出半小时前人民广场附近几个摄像头的监控录像，发现孩子被一个成年人领走了，现在已不知踪影。

派出所民警说："你别急，现在嫌疑人的脸部特征都已掌握。现在时间过去不久，我们可以使用公安部系统的人脸搜索，快速锁定他的位置。"

"人脸搜索？"吴小白疑惑。

"我们把嫌疑人的人脸放在系统里，可以先在本市范围的监控系统内进行搜索、比对，看他现在处在什么位置。"派出所民警说。

"这么厉害？"吴小白说。

"天网工程和雪亮工程的厉害没有领教过吧？"派出所民警说。

"什么是天网工程呢？什么是雪亮工程呢？"吴小白说。

"这两个工程，把我们人民群众的'眼睛'，装在了全国各地。天网工程在城市里安'眼睛'，雪亮工程在县乡里安装了'眼睛'。最重要的是，我们可以实现对这么多只'眼睛'里看到的人脸进行识别，和我们锁定的嫌疑人的脸部特征进行比对，完成人脸搜索！人脸比对成功，就可以锁定嫌疑人的位置。"派出所民警说。

"太神奇了。"吴小白说。

"找到了。嫌疑人带着孩子已经到了长途汽车站，我赶快通知那里的民警，控制住他们。"派出所民警说。

### 3.3.1　智能视觉系统的特性

视觉是人类的重要感觉，人类从外部世界获得的信息中约有80%是由视觉获取的。人类视觉系统所具有的各种功能使我们能够分辨万物，感知它们的大小、形状、颜色、亮暗、远近和动静。视觉所能获得的信息量相当大，是人类获取外界信息的重要途径。

人类视觉系统可以看成一个有生命的光学变换器和信息处理系统。如图3-16所示，人类视觉系统可分为三个部分：第一部分是光学系统，眼球就是

一个完美的光学系统,视网膜负责把光信号转换为电信号;第二部分是传输系统,视网膜输出的电信号通过视神经传入大脑;第三部分是信息处理系统,这部分由大脑负责完成。

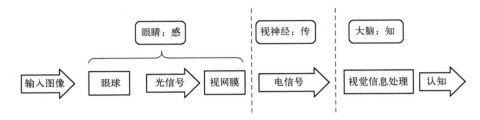

图 3-16　人类视觉系统的构成

　　智能视觉系统模仿人类视觉系统进行图形图像的连续捕捉、测量和分析。这是一门涉及光学、机械、计算机、图像处理、视频识别、人工智能、信号处理等多个领域的综合性学科。

　　智能视觉系统通过摄影、摄像装置(如图 3-17 所示)将被摄取目标转换成图像信号,传送给专用的图形和视频分析处理系统。分析处理系统可以根据像素分布和亮度、颜色等信息将图像信号转变成数字信号,再根据一定的算法抽取目标的特征进行分析并得出结论,给出监视信息或者控制现场设备的动作和指令。

图 3-17　摄影摄像装置

智能视觉系统的优点如下。

1)非接触测量:对于被检测对象不会产生任何损伤,不干涉系统正常运行。

2)光谱响应范围宽:红外测量可扩展人眼的视觉范围;红外线是一种波长

在 750~10^6 nm 之间的电磁波，是一种人眼看不到的光线。任何物质，只要它本身具有一定的温度（高于绝对零度），都能辐射红外线。热成像系统可产生整个目标红外辐射的分布图像，利用这种红外线的辐射，可以实现各种红外感应技术的应用，如搜索和跟踪红外目标。

3）长时间稳定工作：人类难以长时间观察同一对象，而机器视觉系统则可以长时间地工作。

## 3.3.2 智能视觉系统的组成

一个完整的智能视觉系统应该包括视觉部分、图像/视频处理和分析部分。视觉部分由照明光源、光学镜头、摄像机以及图像采集卡等组成；图像/视频处理和分析部分由服务器、图片视频检测分析软件、客户端监视器等组成。当然，从视觉部分到服务器之间会有负责数据传输的模块。智能视觉系统的结构如图 3-18 所示。

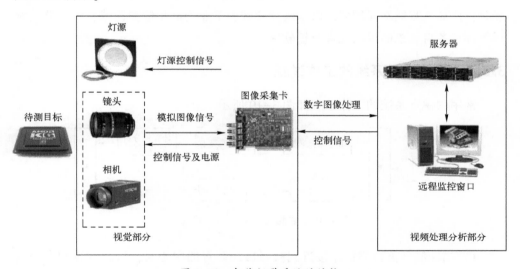

图 3-18  智能视觉系统的结构

1）灯源。照明是影响视觉系统输入的重要因素，它直接影响输入数据的质量和应用效果。光源可分为可见光和不可见光。常用的几种可见光源是白炽灯、日光灯、水银灯和钠光灯。照明系统按其照射方法可分为：背向照明、前向照明、结构光和频闪光照明等。背向照明是被测物放在光源和摄像机之间，它的优点是能获得高对比度的图像。前向照明是光源和摄像机位于被测物的同侧，这种方式便于安装。结构光照明是将光栅或线光源等投射到被测物上，根据它们产生

的畸变，解调出被测物的三维信息。频闪光照明是将高频率的光脉冲照射到物体上，摄像机拍摄要求与光源同步。

2）镜头。镜头选择应注意的事项包括：焦距、目标高度、影像高度、放大倍数、影像至目标的距离、畸变等。

3）相机。有标准分辨率数字相机、高分辨率相机、单色相机、彩色相机等。

4）图像/视频采集卡。采集卡直接决定了摄像头的接口，包括黑白、彩色、模拟、数字等不同类型。比较典型的是外设部件互连标准（Peripheral Component Interconnect，PCI）或加速图形接口（Accelerate Graphical Port，AGP）兼容的采集卡，可以将图像迅速地传送到计算机存储器进行处理。有些采集卡有内置的多路开关，可以连接 8 个不同的摄像机，采集卡使用哪一个相机抓拍到的信息，是可以标识的。有些采集卡有内置的数字信号触发器，可以触发采集卡抓拍图像。

5）视频处理分析部分。图像/视频分析处理软件依赖于各个行业的不同使用场景，比如在智能交通领域、医学医疗领域、工业测量和检测领域、航天航空领域等都有各自场景的视频处理分析软件。

### 3.3.3　智能视觉系统的工作过程

常用的视觉系统的工作过程如图 3-19 所示。

图 3-19　智能视觉系统的工作过程

1）当探测到被检测物体接近到摄影摄像装置的中心时，将触发脉冲发送给图像采集卡。

2）图像采集卡根据已设定的程序和延时，启动脉冲分别发送给照明系统和摄影摄像装置。

3）在启动脉冲到来前，摄像机处于等待状态；摄像机检测到脉冲后启动，打开曝光构件；另一个启动脉冲送给光源，光源的打开、关闭时间需要与摄像机设定的曝光时间相匹配。

4）图像采集卡接收图像视频信号后，通过 A-D 转换器将模拟信号数字化，

或者可接收摄像机数字化后的数字视频数据。

5）将数字图像存储在计算机的内存中。

6）计算机对图像进行处理、分析和识别，获得检测结果。

7）根据分析结果控制相应部件的动作。

### 3.3.4 视频识别技术

重庆公交车坠江事件，牵动着亿万中国人的心。事故产生的原因是什么呢？警方调查真相依赖于公交车内和对面私家车上行车记录仪的视频资料。这些视频资料可以用人工查看和分析，给出事故调查结论。

但全国各个交通要道和路口每分每秒都会产生大量的视频数据，大多数情况是正常的交通状况，交通违法情况和交通事故只占其中的一小部分。依靠人工来查看和分析海量的视频资料，无疑工作量会很大、效率会很低且错误率高。

随着计算机性能的不断提升，数据存储量越来越大，使用智能视频识别技术代替人工来处理视频资料，进行物体识别、目标跟踪、交通事故责任划定、公共安全行为检测等，无疑会大大提高处理效率，把人类从简单重复的工作中解放出来。

视频识别（Video Recognition/Video Identification）通过在视觉系统中嵌入智能分析模块，对视频画面进行行为特征提取、识别、检测和分析，或在海量视频资料中滤除干扰，进行视频检索，对视频画面中的异常情况进行锁定和报警。

智能视频分析模块是对拟识别的目标视频进行特征提取，对其行为进行识别、分析建模，整理出一系列行为特征基准，然后抽取待识别视频的特征，基于人工智能和模式识别原理，对这些待识别视频的特征与行为特征基准进行比对，最终给出其行为分类，视频原理如图3-20所示。待识别视频的特征可由接入的摄像机、门禁、无线射频识别装置（Radio Frequency Identification Device，RFID）、智能围栏、全球定位系统（Global Position System，GPS）、雷达等多种探测设备得到的信息整合分析而来。

视频识别系统有以下常见功能，如图3-21所示。

（1）实体识别

实体识别可以区分出移动物体的类别，人、物体、动物、车辆等。再进一步，人是什么样的人，大人、小孩，男人、女人，这个人有哪些主要特征？是什么样的动物？大小、颜色、形态是什么？车辆是轿车，还是摩托车？它们的行驶

轨迹如何？实体识别是视频识别系统功能的基础。

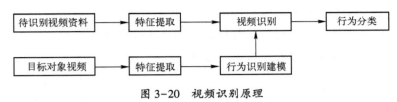

图 3-20　视频识别原理

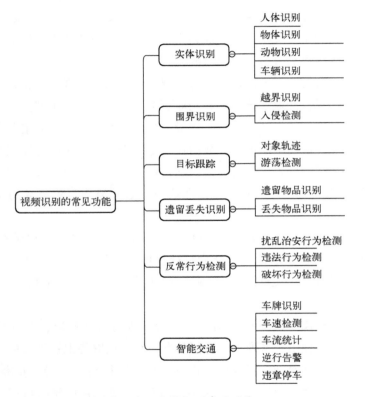

图 3-21　视频识别常见功能

（2）围界识别

在视频画面上人为地画一道直线或曲线，识别或判断出物体穿越此界限的行为，如图 3-22 所示。虚拟围界识别可用于入侵检测，比如一个单位四周有个围墙，那么在视频上，沿着围墙画一条线，假若有人跨越了围墙，就是非法和异常，产生报警。这种入侵检测可以分辨人体大小的入侵者，忽略小动物或飞鸟。

越界检测　　　　　　　有目标越线

图 3-22　围界识别

（3）目标跟踪

对目标移动物体的轨迹进行标识和跟踪。在广场、车站等公众场所，人流穿梭，如果一个人在一定范围内中徘徊游荡，超过一定时间，视频识别系统则自动报警提示发现可疑行为的人。在游荡探测中，可以预先设定游荡报警时间。

（4）遗留丢失识别

在仓库、车站、展厅、安检等场所，通过视频识别技术，可以发现物品的减少或者增加。在车站入口的安检处，如有背包无人拾取，超过设定的时间，系统将产生报警；在商品展厅或博物馆，如有物件缺少，也会触发报警。

（5）反常行为检测

在一些人流众多的公园、广场、车站，如果有突然的奔跑、摔倒、追打等行为，影响公共安全，系统都会及时发现，并提醒管理者；有人在公共区域进行涂鸦、张贴海报或破坏探头，系统也会锁定恶意行为人，从而给出相应的处罚。在大型活动中，容易发生因人群拥挤而导致的踩踏事故，为了避免危险事件，单位面积的人数超过一定范围，就应该处罚报警，引导现场管理人员采取措施。

（6）智能交通

在交通监控和管理中，车牌的识别是交通违法行为处理的基础。比如，发生交通事故后，肇事车辆逃逸不知去处。在各交通道口都有探头，对肇事车辆的车牌进行识别。一旦这个车牌的车辆出现，就立即报警，可以迅速锁定嫌疑车辆，节约警力资源。

在高速路上设有各种表示距离的标识。比如说，我们知道使用这两道线的实际距离是 100 m，智能交通识别系统就可以自动得出所有经过车辆的速度，超速可以立即报警。

在马路上，中间是实线表示不允许车辆左右穿越，如果有车辆行驶过程中跨越了这个界线，那么它就存在交通违规，系统产生报警或违规记录，如图 3-23 所示。

图 3-23　穿越实线检测

开车出行的人，特别关心各个道路的拥挤情况，这样可以选择出行路径，提高出行效率。在繁忙的交通路口，监控探头记录下过往的行人和车辆，在视频识别平台可以统计出过往的人或车的数量，从而实现车流和人流统计，为智能出行和公交调度提供更及时的信息。

在车站和机场的出口或入口、城市单行道，车流人流都是单方向的，双向车道也是规定右侧通行。一旦有车逆行，系统会自动识别并产生报警。在城市管理中，有些地方的停车是违章的，当发现车辆长时间停留在禁停标识附近，就可判断为违章停车，产生报警，如图 3-24 所示。

车辆逆行检测　　　违章停车检测

图 3-24　逆行检测和违章停车检测

### 3.3.5 刷脸时代

在一些身份验证要求较严格的场景，如机场安检、银行、军事区域、公共安全领域等，对于实现快速、高效、准确、自动地完成身份验证的需求越来越多。人脸识别是现在视频识别中很重要也很流行的一个技术。

人体有很多生物特征可以用来身份表示，比如指纹、虹膜、DNA 等。这些生物特征终身不变，稳定性较好，但是获取这些特征信息需要被识别者在检测时停留下来（触摸或者抽血采样），而人脸识别不需要被识别者停下来，也不需要被接触。只要人经过摄像头，摄像头就会将人脸拍摄下来。与其他身份鉴定手段相比，人脸识别（如图 3-25 所示）身份鉴定技术具有对用户的行为无特殊要求、不易伪造或被盗用、随时随地携带等优点。

图 3-25　人脸识别签到系统

人脸识别的原理是通过将已经存储的人脸图像与人的面部特点或表情进行比较分析，达到自动识别的目的。人脸识别技术通过有摄像头的终端设备拍摄人的行为图像，经过光线补偿、灰度分析和平滑处理，利用人脸检测算法从原始的行为图像中得到人脸区域，用特征提取算法提取人脸的特征，和已有的人脸特征库进行比对，从而确认个人身份，如图 3-26 所示。本质上，人脸识别就是计算机

对当前人脸与人像数据库进行快速比对，并得出是否匹配的过程。简单地说，人脸识别就是证明视频上的你就是身份证上的你的过程。

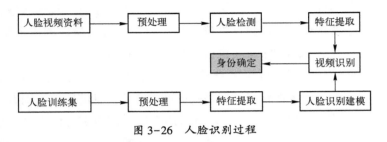

图 3-26　人脸识别过程

从人脸身份的比对模式的角度，人脸识别可分为 1:1 身份验证模式、1:N 身份验证模式、M:N 身份验证模式，如图 3-27 所示。

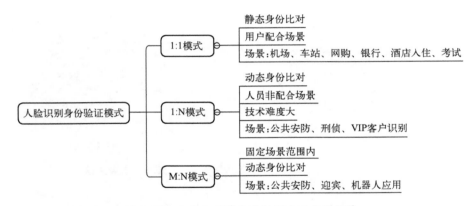

图 3-27　人脸识别身份验证模式及应用场景

1:1 身份验证模式是一种静态身份比对过程，用户一般比较配合，是信息安全领域中常用的一种身份验证模式。例如在机场安检、考生考试、酒店入住办理、火车站人票合一等场景，就是典型的 1:1 身份认证场景。

1:N 身份验证模式是在海量视频数据库中寻找当前人脸特征，并进行匹配的过程，这是一种动态视频比对的过程，被比对人员不会主动配合。人脸识别 1:N 身份验证模式的技术难度要远高于 1:1 身份验证模式。被识别对象没有特定位置，得到的视频资料往往会有曝光过度、逆光、侧脸、远距离模糊等问题。但由于非强制性和快速高效等特点，1:N 身份认证模式迅速落地于公共安全管理、刑事侦查与 VIP 客户人脸识别等场景。

M:N 身份验证模式是通过计算机对场景内所有人进行面部识别，并与人像数据库进行比对的过程，如图 3-28 所示。M：N 作为一种动态人脸比对，其使用率非常高，能充分应用于多种场景。例如公共安防、迎宾、机器人应用等。

图 3-28　M：N 人脸识别

人脸识别技术多数情况下能代替人工识别的劳动。但在受到外部环境干扰的情况下，人脸识别技术会产生错误判断，这就需要在人脸识别有了初步结论后，进行必要的人工确认，进一步确保准确性和安全性。

### 3.3.6　智能视觉系统的应用

人脸身份识别方式适合在公共场合、安保区域、网络等场景使用。

1）在机场、车站、大型活动现场等公共场所对人群进行监视，以达到治安监控和身份识别的目的。

2）公安刑侦破案：锁定嫌疑人脸部特征后，可以通过检索人脸图像数据库，查找到可疑人员；也可以抓取全国各城市路口的监控探头的视频图像，通过比对确定嫌疑人的位置。

3）门禁系统：受保护区域、高档办公场所、高档小区的门禁系统可以通过人脸识别辨识进入者的身份，跟踪进入者的行踪。

4）网络应用：利用人脸识别系统进行网络支付的身份识别，以防止身份盗用。

在一些不适合长时间人工作业的工作环境里，远程智能视觉系统能够做到不知疲倦、不分昼夜地工作。比起人工视觉来，远程智能视觉系统更加稳定、持续，监测距离还可更远。智能视觉系统主要适用的场景如图 3-29 所示。

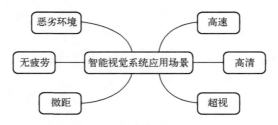

图 3-29　智能视觉系统的应用场景

智能视觉已经在工业在线检测领域大量使用，如印刷电路板的视觉检查、钢板表面的自动探伤、容器容积或杂质检测、机械零件的自动识别分类等。在智能交通领域，智能视觉可以监控交通流量、引导车辆通行，做到事故自动处理；结合车联网，还可以在自动驾驶中得到应用。在医学领域，智能视觉系统可以将人类视觉延伸到身体内部各个器官，检查出各种微小的病变部分，从而辅助医生的诊断和治疗。

从应用的角度分，智能视觉系统还可以分为测量视觉系统、检测视觉系统、定位视觉系统、识别视觉系统。如图 3-30 所示。

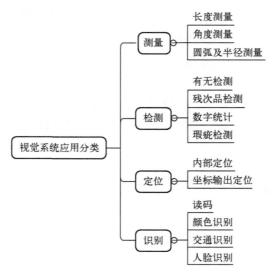

图 3-30　视觉系统应用分类

# 3.4  智能定位

"我的包找不到了。可能落在公交车上，也可能在地铁站安检处，还可能在培训班里。急死我了!"吴小白着急地告诉他的父亲。

"你的包有定位传感器，可以给你的手机上发位置信息的。"吴小白的父亲说。

"可是我的手机在包里。"吴小白说。

"这孩子! 在我手机上的位置查询 APP 上登录吧。当然用你的手机号和密码。"吴小白的父亲说。

"好的。"吴小白在父亲的手机的位置查询 APP 上，用自己的手机号和密码登录上去，发现自己的包和手机的位置在自己所乘坐地铁的起始站，已经在地图上标好，说："爸爸，我得返回去找一下了。"

过了半小时，吴小白给父亲电话："爸爸，我的包和手机找到了。安检的工作人员帮我收好了。"

## 3.4.1  GPS 的组成

在物联网的许多应用中，如车联网、无人驾驶、智能交通、车辆调度、火车飞机的调度，都需要知道物体的具体位置信息。对于移动的物体，物体位置变化的信息对于实时监控和调动都有非常重要的意义。因此定位技术是物联网的关键技术之一。

定位技术是测量对象的位置参数、时间参数、运动参数等时空信息的技术，它利用信息化手段来得知某一用户或者物体的具体位置。物联网中常用的定位技术都是卫星定位系统，如全球卫星定位系统（GPS）和北斗卫星定位系统。

下面以全球卫星定位系统为例，介绍定位系统的组成、原理和应用。

全球卫星定位系统由三部分组成，如图 3-31 所示：空间部分——GPS 星座；地面控制部分——地面监控系统；用户设备部分——GPS 信号接收机。

GPS 的空间部分主要用来发送导航定位信号，由 24 颗工作卫星组成。它们位于离地面 20000 千米的上空，均匀分布在 6 个轨道面上，每个轨道面 4 颗卫星。卫星的空间分布使得在全球任何地方、任何时间，都可观测到 4 颗以上的卫星，并能确保良好的位置计算精度，确保了时间上连续的全球导航能力。

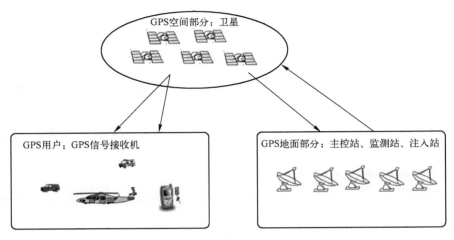

图 3-31　GPS 的组成

　　GPS 的地面控制部分用来收集在轨卫星的运行数据，监测和控制卫星运行，计算导航信息，保持各颗卫星处于同一时间标准，确保卫星一直沿着预定轨道运行。GPS 的地面控制部分还可以监测卫星上的各种仪器设备，诊断定位系统的运行状态，如仪器仪表出现异常，将会报警。

　　GPS 地面控制部分由一个主控站，5 个全球监测站和 3 个地面控制站组成。监测站将取得的卫星观测数据，经过初步处理后传送到主控站。主控站从各监测站收集跟踪数据，计算出卫星的轨道和时钟参数，然后将结果送到 3 个地面控制站。地面控制站在每颗卫星运行至其上空时，把这些导航数据及主控站指令注入卫星。

　　用户设备部分，也就是 GPS 信号接收机，主要用来跟踪运行的卫星，捕获卫星的信号，测量出接收天线至卫星的距离和距离的变化率，然后进行定位计算，从而计算出用户所在地理位置的经纬度、高度、速度、时间等信息。GPS 信号接收机由天线、芯片、处理器、内存、显示屏、电子地图、导航软件等主要部分组成。

## 3.4.2　GPS 的原理

　　GPS 的基本原理，如图 3-32 所示。通过测量 GPS 接收机到多颗已知位置卫星的距离，GPS 系统可以计算出 GPS 接收机的具体地理位置。

　　用户到某颗卫星的距离，可通过测量卫星信号传播到用户 GPS 接收机所经历的时间，再将其乘以光速得到。但由于大气层电离层的干扰，这一距离并不是

用户 GPS 接收机与这一卫星之间的真实距离，而是伪距。

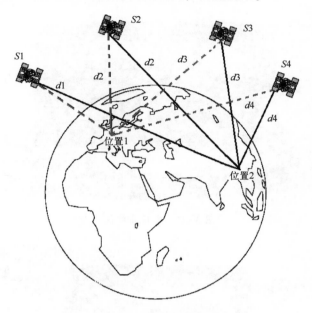

图 3-32　GPS 定位的原理

当 GPS 卫星正常工作时，会不断地发送导航电文。导航电文中的内容主要有遥测码、转换码和 3 个数据块，数据块中最重要的是星历数据，记录着每隔一定时间卫星所在位置。当用户接收到导航电文时，提取出卫星时间并将其与自己的时钟做对比，便可得知卫星与用户的距离，再利用导航电文中的卫星星历数据推算出卫星发送电文时所处位置，用户在大地坐标系中的位置、速度等信息便可得知。

### 3.4.3　GPS 的应用

GPS 定位技术具有高精度、高效率和低成本的优点，在需要获取用户准确位置信息的场景有大量的应用。GPS 的主要用途是为船舶、汽车、飞机等运动物体进行定位导航。所谓定位导航仪，如图 3-33 所示，是根据既定的目的地计算行程，通过地图显示和语音提示两种方式引导用户行至目的地的设备。此外，还可以用于各行各业定位、追踪物体位置。

在陆地上，GPS 定位可以应用于主要包括车辆导航、应急反应、大气物理观测、地球物理资源勘探、工程测量、变形监测、地壳运动监测、市政规划控制、

地面车辆跟踪和城市智能交通管理、个人旅游及野外探险等。如图 3-34 所示。

图 3-33　定位导航仪

图 3-34　陆地 GPS 应用

　　在海洋里，GPS 定位可应用于远洋船最佳航程航线测定、船只实时调度与导航、海洋救援、海洋探宝、水文地质测量以及海洋平台定位、海平面升降监测等，如图 3-35 所示。

　　在航空航天领域，如图 3-36、图 3-37 所示，GPS 定位可应用于飞机导航、航空遥感姿态控制、低轨卫星定轨、导弹制导、航空救援和载人航天器防护探测等。

图 3-35　航洋 GPS 应用

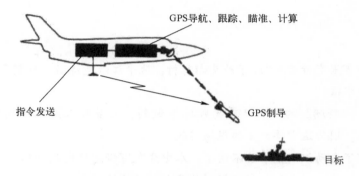

图 3-36　飞机导航及导弹制导

图 3-37　低轨卫星定轨

# 第4章　无接触、已识别

宋代杨万里有诗云："过了沙头渐有村，地平江阔气清温。暗潮已到无人会，只有篙师识水痕。"

诗中对"暗潮"的识别只有篙师能够做到，大多数人是无法判断"暗潮"是否到达的。因为这需要太多的现场实践。

如果有了自动识别技术就不同了。水中分布有暗潮的监测传感器。每一个人上船的时候，都可以手机扫码了解当前暗潮活动的情况；也可以给"暗潮监测系统"的软件入口设置电子标签，人们的手机携带有电子标签阅读器，当人们经过的时候，就可以在手机上看到暗潮涌动的画面。

《水浒传》里的宋江，一个人拥有及时雨、呼保义、孝义黑三郎、宋公明等标签，这些标签对江湖上的英雄好汉识别宋江的人品有很正面的作用。有句话说："给人贴标签，总是很容易！"，但给物体贴标签却比较复杂。

## 4.1　自动识别

"我们年轻的时候去图书馆借书，图书管理员要手工把图书的信息和读者的信息登记在借阅记录本！"武廉旺对他的孩子武体说。

"现在我去借书，图书管理员只要扫描一下书底的条形码，就把书的信息录进去了。听说，图书馆最近要上一个新的系统，扫条形码这一关也不要了。借的书，直接拿走，自动完成登记。"武体说道。

"不光在图书馆，现在去单位仓库领物品，也不需要仓库管理员人工进行登

记了，而是自动完成出库登记。"武廉旺说道。

"爸爸，你说的单据、凭证、传票的纸面载体时代一去不复返了。"武体说道。

"手工记录、电话沟通、人工计算、邮寄或传真等传统手段，不仅劳动强度大，而且很容易出错。自动识别时代将快速淘汰这些传统手段！"武廉旺说道。

如果想让物品彼此能够"交流"，每个物品就应该有一个电子标签。贴标签的目的就是方便人们识别。给物体贴上标签，再通过非人工的方式完成对物体的识别和管理，就是自动识别技术。自动识别技术与传感器技术结合，可以丰富物联网感知层的信息收集范围。再结合5G移动通信网络的信息传送能力、平台层的大数据分析和应用能力、互联网信息共享技术，可以实现全球范围内物体的跟踪与信息的交互，实现人与物体、物体与物体的沟通和对话，最终构成联通万事万物的物联网。

自动识别技术是一种高度自动化的信息或数据采集技术，自动地获取被识别物品的相关信息，自动对物流信息进行记录、处理、传递和反馈，还可提供给后台的计算机处理系统来进行统计分析。借助网络通信和计算机技术的发展，自动识别技术实现了对海量数据信息进行采集、传送和及时准确地处理，从而成为构造全球物品信息实时共享的技术基石。

## 4.1.1 技术分类

使用自动识别技术，需要在被识别对象上贴上标签，或者需要提取被识别对象的特征。然后利用识别装置接近被识别对象，自动地获取被识别对象的相关信息。

按照原理和特征，常见的自动识别技术可以分为条码识别技术、磁卡识别技术、IC卡识别技术、射频识别技术等，如图4-1所示。

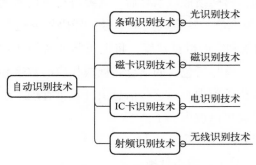

图4-1 自动识别技术分类

## 4.1.2 条码识别技术

条码是按一定编码规则排列起来的一组条、空和数字符号，用以表示一定的字符、数字及符号等信息。条码识别是一种光识别技术，要将条码转换成有意义的信息，需要完成扫描和译码两个过程。

条码扫描器如图4-2所示，由于原理不同，可以分为光笔、电荷耦合器件（Charge-Coupled Device，CCD）、激光三种。用扫描器发出的红外光或可见光照射条码标记，深色的"条"吸收光，浅色的"空"反射光。扫描器将强弱不同的光反射信号转换成电子脉冲。根据条和空的宽度不同，相应转换的电信号持续时间长短也不同。

图4-2 条码扫描器

扫描器的光反射信号转换成电信号后，需要进行电信号的放大增强，然后通过模-数转换电路将模拟信号转换成数字信号。译码器通过测量脉冲数字电信号0和1的数目来判别条和空的数目宽度，将电子脉冲转换成数据。然后，根据对应的编码规则，将条形符号所包含的信息转换成相应的数字和字符信息。最后经过通信网络传至计算机处理中心。这些信息由计算机管理系统进行相应的数据分析，物品的详细信息就可以被识别了。

条形码的优点有：

1）条码制作工艺简单，成本低廉。

2）条码扫描速度快，识别准确。

3）扫描设备操作容易，使用门槛低。

条形码的缺点有：

1）必须配置扫描仪才能读取条码信息。

2）条码标签被毁后，则无法识别这些物品。

条码的种类很多，大体可以分为一维条码和二维条码。一维条码和二维条码都有许多码制。

（1）一维条码

一维条码由一组宽度不同、平行、黑白相间的条纹按照一定的码制规则组合起来的符号，它只在一个方向上表达信息。超市里的商品琳琅满目，每个商品都有粗细不同、平行相间的线条图案，这就是一维条码。在超市收银员进行支付结算的时候，只要用激光扫描器扫描这个条码，马上就知道商品的价格和总价，相比于以前用计算器和算盘计算，更加快捷准确。一维条码的码制如图 4-3 所示。

a)                                    b)

图 4-3　一维条码的码制

a）EAN-13 码　b）EAN-8 码

现在最常用的一维条码 EAN-13 是由 13 位数字组成，如图 4-4 所示，包括代表国家和地区的前缀码（3 位数字）、厂商代码（4 位数字）、商品类别代码（5 位数字）和校验码（1 位）。

图 4-4　一维条码 EAN-13 的数字代码

目前物品编码协会分配给我国大陆地区的前缀码为"690~692"，分配给我国香港地区的前缀码为489，分配给我国台湾地区的前缀码为471。厂商代码需要经中国物品编码中心备案，代表着这个商品的厂家编号；商品代码由各厂自行确定，代表商品类别、生产日期等。

一维条码是由供人识读的数字和供扫描器识别的黑白条形图像组成，如图4-5所示。黑白条形图像由下面部分组成。

1）左右空白区：作为扫描器的识读准备。

2）起始符：扫描器开始识读。

3）数据区：承载数据的部分。

4）校检符（位）：用于判别识读的信息是否正确。

5）终止符：条码扫描的结束标志。

图4-5　一维条码EAN-13的构成

（2）二维条码

虽然一维条码的局部损坏仍可辨识，扫描容易完成，但是信息密度较低，信息容量较少，它仅能完成对物品的标识，其他信息要依赖于计算机网络，从数据库中获取。这就迫切需要存储量较高，信息密度较大的二维条码。

二维条码可以在水平和垂直方向的两维空间中存储信息，数据存储量大，是一维条码的几十倍或几百倍，相当于一个便携的数据库；可以存储较多的纠错和校验信息，纠错能力强、识别速度快。二维条码的码制也有很多，如图4-6所示。

智能手机的性能越来越强，图像扫描能力也十分强大，为二维码的应用拓展了无限的空间。如今，在报纸、杂志、书本、公共交通、广告栏、网页、APP上，随处可见各种用途的二维码。有的扫描后，可以获取具体的商品信息；有的

扫描后，可以参与节目互动；有的扫描后，手机成为了景区导游；有的扫描后，手机可以完成付款结算。

　　a)　　　　　　　　　　b)　　　　　　　　　　c)

图 4-6　二维条码的码制

a）Maxi Code 码　b）Data matrix 码　c）PDF417 码

## 4.1.3　磁卡识别技术

　　磁卡是我们日常生活中常见的身份标识和物品标签，是一种利用磁性载体记录字符或数字信息的卡片状的介质，如图 4-7 所示。从本质上讲，磁条和计算机用的磁带或磁盘是一样的，它可以用来记载字母、字符及数字信息。磁条记录信息的方法是变化磁的极性（如 S-N 和 N-S），一部解码器可以识读到磁性变换，并将它们转换回字母或数字的形式。因此，磁卡需要与各种读卡器配合使用，如图 4-8 所示。

图 4-7　磁卡

　　磁卡最早出现在 20 世纪 60 年代，当时伦敦交通局将地铁票背面全涂上磁介质，用来储值。现在，磁卡由高强度、耐高温的塑料制成，能防潮、耐磨，且有一定的柔韧性。磁卡上的数据可读可写，可以现场改变数据。

　　由于其成本低、使用方便，磁卡的应用十分广泛，如信用卡、银行卡、电话卡、地铁卡、公交卡、门票卡、购物卡，食堂就餐充值卡等。

图 4-8　磁卡读卡器

但是，磁卡磁性粒子极性耐久性差，容易被消磁，丢失信息，且磁卡易被仿制冒用，磁卡上数据的安全性较低。所以，近些年来，磁卡有逐渐被替代的趋势。

### 4.1.4　IC 卡识别技术

IC（Integrated Circuit）卡是一种电子式数据自动识别卡。按照是否带有微处理器，IC 卡可分为存储卡和智能卡两种。存储卡仅包含存储芯片而无微处理器，以前用电话 IC 卡即属于此类。智能卡是一种将带有内存和微处理器芯片的大规模集成电路嵌入塑料基片里的卡片。现在推广使用的银行卡就是指智能 IC 卡。

IC 卡的外形与磁卡相似，它与磁卡的区别在于数据存储的媒体不同。磁卡是通过卡上磁条的磁场变化来存储信息，而 IC 卡是通过嵌入卡中的 EEPROM（电擦除式可编程只读存储器集成电路芯片）来存储数据信息。

与磁卡相比较，IC 卡的优点明显，存储容量大、安全保密性好、具有数据处理能力、使用寿命长，见表 4-1。

表 4-1　磁卡与 IC 卡优劣势对比

| 卡类 | 描　　述 | 优　　点 | 缺　　点 |
|---|---|---|---|
| 磁卡 | 磁卡最核心的部分是卡片上粘贴的磁条，如常见的银行卡 | 读写方便、成本低，易推广 | 易磨损和被磁场干扰，安全性相对较差 |
| IC 卡 | 塑料卡片上镶嵌有封装集成电路芯片的小铜片。如社会保险卡 | 安全性高、使用寿命长、不易受到干扰和损坏；信息容量大，更便于存储个人资料和信息，具有数据处理能力 | IC 卡的成本高，且损坏和丢失后不易补办 |

## 4.2　射频识别技术

"爸，我们刚才从超市拿了东西，没有付钱吧?"武体对他的爸爸武廉旺说。

"已经完成付款。"武廉旺说。

"我没注意到你付钱啊!"武体说。

"都是自动完成的。"武廉旺说。

"以前都有收银台扫描商品的二维码，然后还得扫描你手机上的微信收款二维码。"武体说。

"现在商品上都有电子标签。超市门口都有电子标签的阅读器。你离开超市的时候，阅读器可以自动识别出你购买的商品，然后自动从你的钱包里扣钱。"武廉旺说。

"那超市怎么知道，从谁拿走的商品呢?"武体问。

"有人脸识别呀!"武廉旺说。

"去超市买东西，一手交钱一手交货的时代过去了，拿了就走，支付结算自动完成的时代来了。"武体总结道。

### 4.2.1　RFID 系统

射频识别技术又叫作电子标签或无线射频识别。常见的名称还有感应式电子晶片或近接卡、感应卡、非接触卡、电子条码等。

射频识别技术是一种物体标识和自动识别的技术。RFID 本质上是一种无线通信技术，是一种非接触式自动识别技术，无须在系统与对象之间建立机械的或光学的接触。射频识别技术利用射频原理标识物体，给物体打上电子标签;用阅读器通过无线信号自动识别带有射频标签的对象，并读写相关的数据，完成信息的输入和处理，能快速、实时、准确地采集和处理信息，而整个过程不受恶劣环境的影响。

在物联网中，要使物品能够彼此"识别"和"交流"，就需要用到 RFID 技术。RFID 技术可以对非可视对象、移动对象、夜间对象进行识别，与互联网、无线通信技术相结合，可以对全球范围内的物品进行定位、跟踪管理、信息共享。

RFID 是用于控制、检测与跟踪物体的无线系统，它的两个最核心的器件是阅读器（Reader）和应答器（Transponder）。阅读器发射特定频率的无线电波给

应答器。应答器又叫作智能标签（Tag），本身是不用电池的，它接收到了无线电波的能量，驱动内部电路将内部的标签信息送出。这样，阅读器便可接收被识别对象的相关信息。

阅读器获取了物体的标签信息后，可以把这些信息传送到相应的应用管理系统中。应用管理系统管理着 RFID 系统中的数据，可以和阅读器进行交互，并根据不同的应用需求，提供不同的交互接口，实现不同的处理功能。

因此，可以说，RFID 系统由应用管理系统和两个射频器件（阅读器和应答器）组成，如图 4-9 所示。

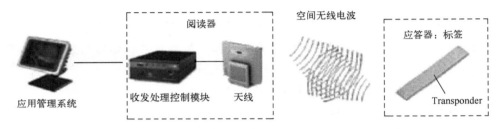

图 4-9　射频系统的组成

阅读器是指读取或写入电子标签信息的设备，如图 4-10 所示。阅读器又称为读出装置，扫描器、通信器、读写器（取决于电子标签是否可以通过无线改写数据）。典型的阅读器包含天线、射频模块、读写控制单元，附加的接口（RS-232、USB）等，如图 4-11 所示。

图 4-10　RFID 阅读器示例

RFID 系统的阅读器能够通过天线与电子标签进行无线通信，并且能够实现对标签识别码和内存数据的读出、写入等操作。RFID 系统工作时，一般先由阅

读器的收发模块控制射频模块发射一个询问信号，当电子标签感应到这个信号后，给出应答信号。阅读器接收到应答信号后对其处理，然后将处理后的信息返回给外部应用系统。

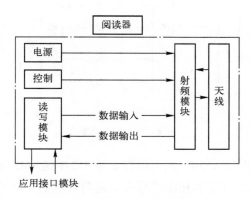

图 4-11　阅读器组成

电子标签也称射频标签、应答器，是射频识别系统的数据载体，存储着被识别物品的相关信息，如图 4-12 所示。标签主要由天线及 IC 芯片构成。IC 芯片包括射频模块、控制模块和存储器，如图 4-13 所示。根据电子标签供电方式的不同，电子标签可以分为无源标签和有源标签。射频识别系统中的读写器和电子标签均配备天线。天线用于产生磁通量，而磁通量用于向无源标签提供能量，并在读写器和标签之间传送信息。

图 4-12　RFID 标签示例

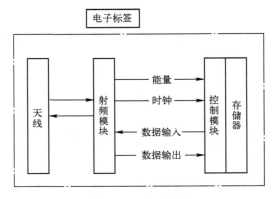

图 4-13　电子标签

电子标签根据商家种类的不同，能存储从 512 B 到 4 MB 不等的数据。标签中存储的数据是由系统的应用和相应的标准决定的。例如，电子标签能够提供产品生产、运输、存储情况，也可以辨别机器、动物和个体的身份这些类似于条形码中存储的信息。标签还可以连接到数据库，存储产品库存编号、当前位置、状态、售价、批号等信息。在读取射频标签数据时，不用参照数据库可以直接确定代码的含义。

应用管理系统可管理多个阅读器，管理软件可以通过一定的接口向阅读器发送命令。应用管理系统还包括数据库，用来存储和管理 RFID 系统中的数据。

总的来说，RFID 中的主要部件及其作用如图 4-14 所示。

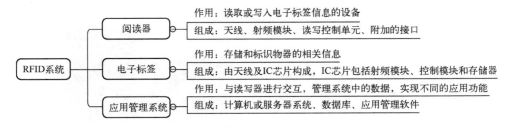

图 4-14　RFID 系统的组成及其作用

## 4.2.2　RFID 系统的分类

RFID 系统从不同角度，可分成不同的类别。如图 4-15 所示，从工作方式的角度划分，RFID 系统可分为全双工系统、半双工系统和时序系统三大类；从标签是否需要供电，RFID 可分为有源系统和无源系统两大类；从读取电子标签的

方式上，RFID 又可分为广播发射式、倍频式和反射调制式三大类。不管在任何方式下，射频标签的"发射功率"要比阅读器发射功率低很多。

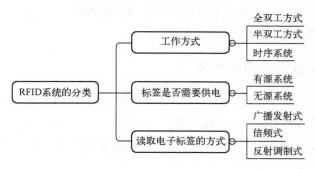

图 4-15　RFID 系统的分类

阅读器和电子标签的双向交互可以同时进行，就是全双工 RFID 系统。从阅读器到电子标签的能量传输是连续的。其中，电子标签发送数据的频率是阅读器频率的几分之一。如果 RFID 系统从阅读器到电子标签的数据传输和从电子标签到阅读器的数据传输是交替进行的，两个方向的数据传送不是同时进行的，就是半双工系统。

在时序 RFID 系统中，从电子标签到阅读器的数据传输，是在电子标签的能量供应间歇时进行的，而从阅读器到电子标签的能量传输是在限定的时间间隔内完成。也就是说，两个方向的交互不是同时进行的，而是按照一定时序交错进行的。在阅读器发送间隔时，电子标签的能量供应是中断的；而此时，电子标签如需要给阅读器传输数据，就要求系统必须有足够的大容量电容器或电池对电子标签进行能量补偿。

广播发射式 RFID 系统是电子标签向外广播自己标识信息的一种方式。在这种情况下，电子标签必须采用有源方式工作，以便有能量把自己存储的标识信息向外广播。阅读器相当于一个只收不发的接收机。广播发射式的 RFID 系统标签必须不停地向外发射信息，造成能量浪费和电磁污染。

倍频式 RFID 系统，阅读器发出射频查询信号，电子标签返回的信号载频为阅读器发出的射频的倍频。对于无源电子标签，电子标签将接收的射频能量转换为倍频回波载频时，其能量转换效率较低。如果想提高转换效率，电子标签的成本就会增加。倍频式 RFID 系统工作时，需占用两个工作频点。

反射调制式 RFID 系统，实际上是一种同频收发的系统。在 RFID 系统工作时，阅读器发出微波查询信号，电子标签（无源）将接收到的微波能量信号分

成两部分：一部分整流为直流电，以供电子标签内的电路工作；另一部分将电子标签内保存的数据信息进行调制（ASK）后发射回阅读器。阅读器接收到发射回的调幅调制信号后，从中解出电子标签所发送的数据信息。这种读取电子标签的方式，同频收发是其技术实现的难点。

### 4.2.3　RFID 系统使用的频率

射频（Radio Frequency，RF）是一种高频交流变化的电磁波的简称。射频常见的频率范围在 300 kHz ~ 300 GHz 之间。众所周知，电流流过导体，导体周围会形成磁场；交变电流通过导体，导体周围会形成交变的电磁场，电场和磁场交替激发传播出去，形成电磁波。

为什么不用低频电磁波，而用射频做自动识别呢？因为在频率低于 100 kHz 时，电磁波会被地表吸收，不具备远距离传输能力。电磁波频率高于 100 kHz 时，可以在空气中传播，并经大气层外缘的电离层反射，形成远距离传输能力。射频技术在无线通信领域中被广泛使用。

RFID 系统阅读器读射频标签时，发送射频信号所使用的频率为 RFID 的工作频率。也就是说，射频标签的工作频率就是 RFID 系统的工作频率。射频标签的工作频率不仅决定着 RFID 系统工作原理（电感耦合还是电磁耦合），还决定着射频标签及读写器实现的难易程度和设备的成本。RFID 系统允许的最远阅读距离也直接和工作频率相关。

典型的 RFID 工作频率有：125 kHz、133 kHz、13.56 MHz、27.12 MHz、433 MHz、902 ~ 928 MHz、2.45 GHz、5.8 GHz 等。RFID 系统的工作频率按照高低不同可分为四种：低频（Low Frequency，LF）、中高频（High Frequency，HF）、超高频（Ultrahigh Frequency，UHF）与微波。工作在不同频段或频点上的射频标签具有如图 4-16 所示的不同特点。

（1）低频（30 ~ 300 kHz）

低频段射频标签，其工作频率范围为 30 ~ 300 kHz。典型工作频率有：125 kHz，133 kHz。低频标签一般为无源标签，其工作能量通过电感耦合方式从阅读器耦合线圈的辐射近场中获得。低频标签与阅读器之间传送数据时，低频标签需位于阅读器天线辐射的近场区内。低频标签的阅读距离与标签大小成正比，一般情况下小于 1 m。

低频标签的主要优势体现在：低频信号穿透性好，抗金属和液体干扰能力强，标签芯片一般采用普通的 CMOS 工艺，具有能耗小、成本低的特点；工作频率不受无线电频率管制约束；可以穿透水、有机组织、木材等；非常适合近距离的、低速度的、数据量要求较少的识别应用（如动物识别）等。

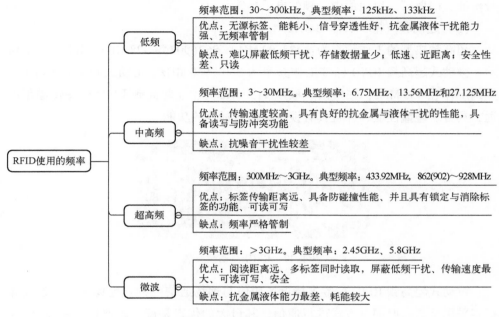

图 4-16　RFID 使用的频率

低频标签的劣势主要体现在：难以屏蔽外界的低频干扰信号；标签存储数据量较少；只能适合低速、近距离识别应用；与高频标签相比，标签天线匝数更多；低频标签安全性不高，很容易复制完全相同的 ID 号，所以一般用在安全性和成本要求不高的场合；低频标签具有只读性，一般在出厂时就初始化好了不可更改的编码。一般不用于需要频繁写标签和修改标签的场景。

低频标签主要应用在动物追踪与识别、容器识别、工具识别、门禁管理、电子闭锁防盗、汽车流通管理、POS 系统和其他封闭式追踪系统中。

低频标签外观形式有很多种。举例来说，应用于动物识别的低频标签的外形有：项圈式、耳牌式、注射式、药丸式等。

（2）中高频（3~30 MHz）

中高频段射频标签的工作频率为 3~30 MHz。常见的工作频率有：6.75 MHz、13.56 MHz 和 27.125 MHz。高频 RFID 标签也采用电感耦合方式工作，传输速度较高，具有良好的抗金属与液体干扰的性能，但抗噪音干扰性较差，读取距离在 1 m 以内，一般具备读写与防冲突功能。中高频的射频标签可方便地做成卡状，

实际应用最为广泛。如供应链的物品追踪、门禁管理、图书馆、医药产业、智能货架等，各行各业的证、卡、票，如二代身份证、公共交通卡、电子车票、电子身份证、门票等，也使用中高频的电子标签。

（3）超高频（300 MHz ~ 3 GHz）

超高频典型的工作频率为：433.92 MHz、862（902）~ 928 MHz，如图 4-17 所示。被动式超高频 RFID 标签工作频率为 860 ~ 960 MHz。主动式超高频 RFID 标签则工作在 433 MHz，在中国一般以 915 MHz 为主。超高频 RFID 标签传输距离远，具备防碰撞性能，并且具有锁定与消除标签的功能。

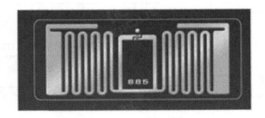

图 4-17　RFID 超高频标签

被动式超高频 RFID 标签支持近场通信与远场通信两种：远场被动式超高频标签采用反向散射耦合方式进行通信，其最大的优点是读写距离远，一般是 3 ~ 5 m，最远可达 10 m，但是由于抗金属与液体性干扰差，所以较少用于单一物品的识别，主要应用于以箱或者托盘为单位的追踪管理、行李追踪、资产管理和防盗等场合。

近场被动式超高频通信使用的天线与高频标签相类似，但线圈数量只需要一圈，采用的是电磁感应方式，而非反向散射耦合方式，也具备高频标签的抗金属液体干扰的优点，其缺点是读取距离短，约为 5 cm，近场超高频标签主要应用于单一物品识别追踪。

（4）微波（>3 GHz）

微波频段的射频标签典型的工作频率为：2.45 GHz（这个工作频率也属于超高频的频段，微波和超高频的频率界限不是很严格）、5.8 GHz。微波射频标签可分为有源标签与无源标签两类。工作时，射频标签位于阅读器天线辐射场的远区场内，标签与阅读器之间的耦合方式为电磁耦合方式。阅读器天线辐射场为无源标签提供射频能量，将有源标签唤醒。相应的射频识别系统阅读距离一般大于 1 m，典型情况为 4 ~ 6 m，最大可达 10 m 以上。阅读器天线一般均为定向天线，只有在阅读器天线定向波束范围内的射频标签可被读/写。

由于阅读距离的增加，应用中有可能在阅读区域中同时出现多个射频标签的情况，从而提出了多标签同时读取的需求。目前，先进的射频识别系统均将多标签识读问题作为系统的一个重要特征。

微波射频标签的典型特点主要集中在是否无源、无线读写距离、是否支持多标签读写、是否适合高速识别应用、读写器的发射功率容限、射频标签及读写器的价格等方面。对于可无线写的射频标签而言，通常情况下，写入距离要小于识读距离，其原因在于写入要求更大的能量。半无源标签一般采用纽扣电池供电，具有较远的阅读距离。

微波射频标签的数据存储容量一般限定在 2000 bit 以内。从技术及应用的角度来说，微波射频标签并不适合作为大量数据的载体，其主要功能在于标识物品并完成无接触的识别过程。典型的数据容量指标有：1000 bit，128 bit，64 bit 等。

微波射频标签的典型应用包括：移动车辆识别、电子身份证、仓储物流应用、电子闭锁防盗、电子遥控门锁控制器等。因为其工作频率高，在 RFID 标签中传输速度最大，但抗金属液体能力最差。微波 RFID 标签非常适合用于高速公路等收费系统。

## 4.2.4　RFID 系统的工作原理

射频标签与射频阅读器之间存在射频信号的空间耦合，如图 4-18 所示。RFID 系统利用射频信号的传输特性，实现对物品的自动识别。

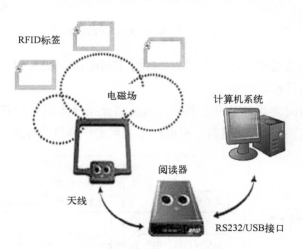

图 4-18　阅读器与射频标签之间的交互

阅读器和射频标签之间不需要接触，发射天线发送一定频率的射频信号，通过空中接口传送到射频标签那里。当标签进入发射天线的工作区域时，产生感应电流，标签获得能量被启动。标签将自身编码等信息透过卡内的天线发送到空中接口。

阅读器的接收天线从空中接口中获取到从标签发送来的载波信号，经天线调节器传送到阅读器的数据存储和处理模块，阅读器对接收的信号进行存储、解调和译码，然后通过应用程序接口（Application Program Interface，API）送到后台应用软件系统处理，如图 4-19 所示。

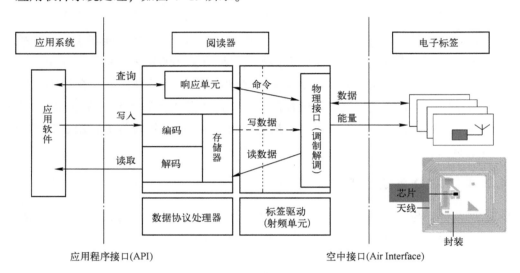

图 4-19　RFID 系统的工作原理

后台软件系统根据逻辑运算判断，针对不同的设定做出相应的处理和控制，发出指令控制执行相应的动作。

电子标签与阅读器之间的空中接口通过耦合元件实现射频信号的空间耦合，如图 4-20 所示。在耦合通道内，根据时序关系实现能量的传递、数据的交换。

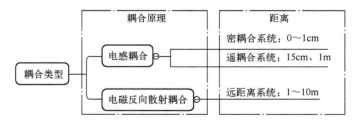

图 4-20　电子标签与阅读器的耦合类型

从原理上分，发生在阅读器和电子标签之间的射频信号的耦合类型有两种。

（1）电感耦合

变压器模型依据电磁感应定律，通过空间高频交变磁场实现耦合如图 4-21 所示。一般适合于中、低频工作的近距离射频识别系统，典型作用距离为 10～20 cm。

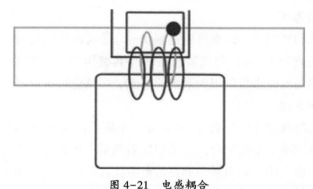

图 4-21　电感耦合

（2）电磁反向散射耦合

电磁反向散射耦合（见图 4-22）是雷达原理模型，发射出去的电磁波，碰到目标后反射，同时携带回目标信息，依据的是电磁波的空间传播规律。一般适合于超高频、微波工作的远距离射频识别系统，识别作用距离大于 1 m，典型作用距离为 3～10 m。

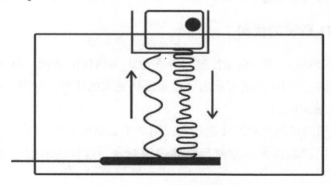

图 4-22　电磁散射反向耦合

根据作用距离的远近情况，射频标签天线与阅读器天线之间的耦合可分为以下三类。

（1）密耦合系统

密耦合系统的典型作用距离范围为 0～1 cm。实际应用中，通常需要将射频

标签插入阅读器中或将其放置到读写器天线的表面。密耦合系统是利用射频标签与读写器天线无功近场区之间的电感耦合构成的无接触空间射频传输通道工作的。密耦合系统的工作频率一般局限在 30 MHz 以下的任意频率。由于密耦合方式的电磁泄漏很小、耦合获得的能量较大，因而可适合安全性要求较高，作用距离无要求的应用系统，如电子门锁等。

（2）遥耦合系统

遥耦合系统的典型作用距离可以达到 1 m。遥耦合系统又可细分为近耦合系统（典型作用距离为 15 cm）与疏耦合系统（典型作用距离为 1 m）两类。遥耦合系统目前仍然是低成本射频识别系统的主流。遥耦合系统也属于电感耦合。

（3）远距离系统

远距离系统的典型作用距离为 1~10 m，个别系统具有更远的作用距离。所有的远距离系统均属于电磁耦合，均采用反射调制工作方式实现射频标签到读写器方向的数据传输。即，利用射频标签的电磁波发射和阅读器的电磁波反射，构成无接触的空间射频传输通道工作。

远距离系统的射频标签根据其中是否包含电池分为有无源射频标签（不含电池）和半无源射频标签（内含电池）。一般情况下，包含有电池的射频标签的作用距离比无电池的射频标签的作用距离要远一些。半无源射频标签中的电池并不是为射频标签和阅读器之间的数据传输提供能量，而是只给射频标签芯片提供能量，为读写存储数据服务。远距离系统一般具有典型的方向性。

### 4.2.5 RFID 系统的优势

在 RFID 实际应用中，电子标签附着在待识别物体的表面，其中保存着约定格式的电子数据。RFID 系统显示出了比条形码更大的优势，如图 4-23 所示。

（1）不接触式识别

传统的条形码必须要对准才能读取，而电子标签则只要置于阅读器产生的电磁场内部就可以读取数据，方便远距离识别对象。这样读取信息范围广、使用灵活。

（2）非可视识别

射频信号穿透性很好，能够将纸张、塑料、木材等非金属材料穿透，可以透过外部材料读取数据，不需要看见对象就可以识别，不担心被遮挡，不受物体方向和位置影响。而条形码是靠激光来读取外部数据的，易被遮挡。

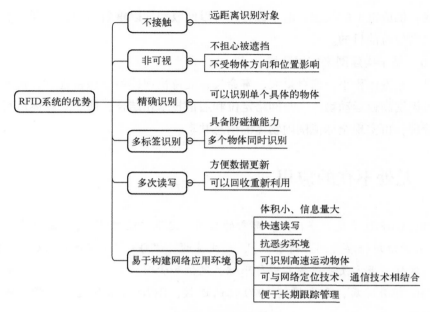

图 4-23　RFID 系统的优势

（3）精确识别

RFID 可以识别单个非常具体的物体，而条形码仅能够识别物体的类别。例如，条形码可以识别这是某品牌的瓶装白酒，但是不能分出是哪一瓶，RFID 可以识别具体是哪一瓶白酒。

（4）多标签识别

RFID 可以同时对多个物体进行识别，而条形码只能一个一个地读取。RFID 同时对多个电子标签进行识别，需要具有防碰撞能力。当阅读器检测到有多个标签存在的情况，防止冲突的功能便启动。阅读器读取一个电子标签的信息后，给这个电子标签发送在一定的时间内不再响应阅读的指令，即让这个标签进入睡眠（Sleep/Mute）状态，避免它对阅读器的阅读指令再次响应。就这样，阅读器依次完成多个标签的读取。例如，在无收银员的超市中，不再使用商品的条码，而是使用电子标签。无须用扫描仪逐个读取每个商品的信息，可以使用射频阅读器在购物车对所有商品进行识别计价。

（5）多次读写

RFID 的电子标签可存储的信息量大，读写型电子标签可以重复地增删改数据，能够方便数据更新的操作。因此使用电子标签能够用来追踪商品在整个流水

线上或者供应链上的状态；电子标签还可以回收和加以重新利用，达到了节省开支和提高效益的目的。

（6）易于构建网络应用环境

电子标签体积小、信息量大、寿命长、支持快速读写、保密性好、抗恶劣环境、可识别高速运动物体、与网络定位和通信技术相结合，便于对物体进行长期跟踪管理，可实现全球范围内物体的信息共享。

# 4.3　无处不在的应用

"既然 RFID 有这么多优点，那它的应用一定很广泛吧？"吴小白问道。

"它的应用将渗透到各行各业。"武先生说，"每一个物品都可以有个 RFID 标签。这样，很方便地对物品进行跟踪、定位和管理。"

"5G 部署完后，会支撑超 1000 亿的连接，RFID 贡献的连接数肯定不少。"吴小白说。

"那是自然的。"武先生肯定地说。

由于 RFID 有很多优势，在各行各业的物品跟踪管理中，得到了广泛的应用，如图 4-24 所示。射频标签和各种传感器连接，如温度、湿度、噪声等，可以在环境条件发生变化时，应用管理系统可以将标签信息和环境信息结合起来进行分析和使用。

## 4.3.1　物流管理系统

传统物流配送中心存在的存货统计缺乏准确性、订单填写不规范、清点货物难、劳动力成本高、管理困难等问题。如果在每个货品上面都装有 RFID 电子标签，在货物的仓储管理、货物运送过程中，可以使用 RFID 阅读器采集信息。这样就可以在物流管理的应用软件中进行物品的跟踪管理、汇总、分析，如图 4-25 所示。

（1）验收和入库

当贴有电子标签的货物运抵配送中心时，入口处的 RFID 超高频阅读器将自动识读 RFID 标签。根据读到的信息，管理系统会自动更新检验数据和入库后的存货清单。这将传统的、靠人工完成的货物验收和入库信息采集过程大大简化，省去了烦琐的检验、记录、清点等的人力投入。

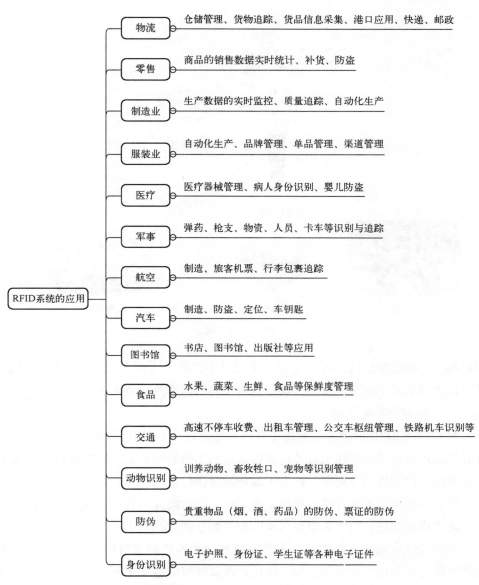

图 4-24 RFID 系统在各行各业的应用

（2）货物出库、运输、配送

应用 RFID 技术后，货物出库过程、运输过程和最终配送到单位或个人手上的过程，可以全程自动跟踪记录下来。当货物在配送中心出库，经过仓库出口处 RFID 阅读器的有效范围时，RFID 阅读器自动读取货物电子标签上的信息，不需

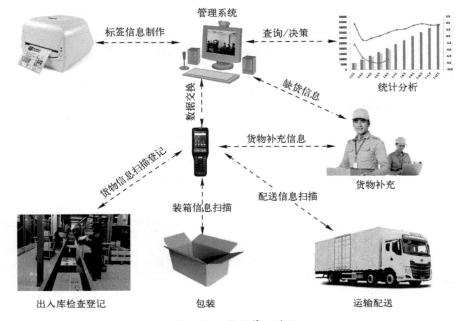

图 4-25　物流管理系统

要扫描；运输过程经过的每一个节点都可以不接触，无须可视，无须打开包装，就可以读取货品的信息，直到货物配送到最终的零售商或个人手中。

（3）整理和补充货物

装有移动 RFID 阅读器的运送车自动对装有电子标签的货物进行整理。根据计算机应用管理系统的指示自动将货物运送到正确的位置上，同时将计算机应用管理系统中的存货清单更新，记录下最新的货物位置。

存货补充系统将在存货不足指定数量时，自动向应用管理系统发出申请。如果管理者审核通过，负责人就可以采购相应数量的货物。

在整理货物和补充存货时，如果发现有货物堆放到了错误的位置，RFID 阅读器将随时向应用管理系统报警。应用管理系统可以给运送车发出指令，将这些货物重新堆放在指定的位置。

## 4.3.2　生产物料管理

制造业上的生产线要想维持运行，不断生产出大量商品，每天都要损耗大量物料。生产线也会因人为因素出现各种失误。如果没有生产数据的实时监控、质量追踪、自动化生产，那么，对原材料、零部件、半成品以及最终成品在整个生

产过程中的信息采集和跟踪管理的工作量将非常巨大，错误率极高。

使用 RFID 技术后，每一个零部件或原材料都需要有电子标签。将 RFID 标签贴在生产物料或产品上，可自动记录产品的数量、规格、质量、时间、负责人等生产信息，代替传统的手工记录。生产出的每一个商品也会有电子标签。RFID 电子标签作为生产数据移动的载体，它在生产线上的流动实现了生产过程中工人、工序、工件、工时的实时精确统计，从而实现生产过程的实时控制，便于物品的质量管理和跟踪追溯。

RFID 技术的应用将有利于企业实现实时、透明、可视的供应链管理，企业维护每个商品对应的原材料信息。在整个生产流程中，每个环节需要哪些原材料和零部件，什么时候需要补充多少，都可以实时计算分析出来。整个生产流水线可以全程把握物料的转移过程，确保流水线均衡协调生产。生产主管通过读写器随时读取产品信息；管理人员能及时掌握生产状况，并根据情况调整生产安排。

制造业生产过程管理系统需要包括如图 4-26 所示的主要功能模块。

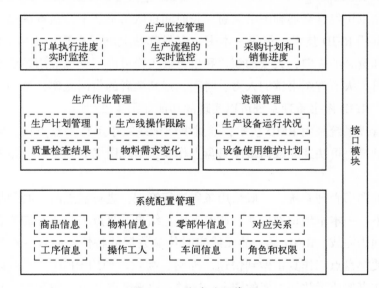

图 4-26　生产过程管理

1）系统配置管理：对生产过程管理系统的公共数据进行维护和管理。比如商品信息、物料信息、零部件信息及其对应关系信息等；生产流程上的工序（位）、每个工序需要的物料、工人配置、车间等信息；系统管理使用者的角色和权限（生产主管、采购主管和总经理需要看到的数据和系统操作的权限是不同的）。

2）生产作业管理：按照计划管理生产过程的每个细节，包括生产线上每个工位的操作信息、装配的具体时间、物料需求信息、员工操作结果、质量检查结果等。这个生产作业管理可以实时反映生产流程，也可以追溯生产历史，从而定位残次品产生的环节和原因，为管理者提供决策依据。

3）资源管理：是对生产线所需的一些设备进行管理，让管理者及时了解设备的工作状态和实际使用情况，为安排生产或者设备维护提供参考依据，还可以根据生产设备的负荷情况制定生产线日、周、月的生产计划。

4）生产监控管理：给一般用户、企业管理人员、领导等提供整体或局部的生产执行信息，以便及时根据实际情况调整生产计划和管理决策，如：订单执行情况的实时监控、生产工序的实时监控、资源动态变化等情况。

5）接口模块：提供与其他信息管理系统、设备管理系统的数据接口功能。

### 4.3.3 自动图书管理系统

大型图书馆经常会遇到图书失窃、长时间排队借书还书、盘点图书工作量大的问题。利用 RFID 技术，将每一本书、资料都贴上电子标签，使用 RFID 阅读器跟踪书和资料的去向，大量的烦琐和重复性工作可由计算机应用系统来处理和控制，则可大大节省图书馆的人力、时间，提高读者的借阅效率，增加图书馆的服务项目。RFID 图书管理系统可以实现的功能如图 4-27 所示。

图书管理系统采用 RFID 技术，通过书架天线或手动藏书盘点仪，对图书分层、分面扫描，可快速完成馆藏图书盘点作业，实现图书查询定位、错架统计等功能。

以前的图书管理系统，一般采用条码进行管理，进行盘点时，必须把图书一本本地拿下，一本本地识别读取，速度不快。结果，盘点工作还是需要花大量的人力和时间去完成。RFID 具有的无线实时传输数据的特性，而且一次可读取多个标签，使得盘点工作真正做到快速、准确、高效。利用 RFID 技术可以很容易查找到不在书架或者放错书架的图书。这样，原来需要几个人数天的工作量，现在一个人一天甚至数小时即可完成。

有 RFID 标签的图书，读者可以自助借、还书。对于大型图书馆，前来借、还书的人数众多，为了避免读者排队，读者可以利用图书馆安放的图书 RFID 读写设备，自助完成借、还书等工作。这样可以增加书本流通速率、简化借阅流程，提高图书馆的服务品质。

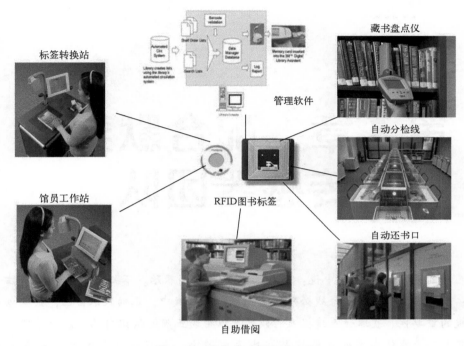

图 4-27　图书管理系统的功能

图书馆每天会收到大量读者还回来的书，如果人工分拣，费时费力。自动图书分拣系统通过阅读图书上的 RFID 标签，然后将其进行相应的归类，放在相应类别的位置上。

对于所有的图书馆来说，图书失窃是个常见的问题。不仅给图书馆造成了经济上的损失，而且给图书馆的管理带来很大的困扰。为了防止失窃，条码图书管理系统还须另外购置防盗系统。RFID 图书管理系统，无须读者和管理人员停留，就可以读取借阅卡、工作卡或图书上的电子标签信息，实时监控人员进出、书籍进出的情况，跟踪相关数据，书本盗窃很容易被跟踪和发现，客观上起到了图书防盗的作用。

图书馆的柜台工作人员也可以同时处理借还书作业，还可以处理一些较复杂的工作，如罚款、图书缺损、标签转换和修改等任务。

# 第5章 配合默契的
# 传感器团队

　　《孙子·谋攻篇》中说："知己知彼，百战不殆。不知彼而知己，一胜一负；不知彼，不知己，每战必殆。"。强调了在作战中，正确认识自己，获取敌人情报的重要性。获取敌人情报有时候也可以帮助正确地认识自己。没有手段，谈何容易？无线传感网的发展就是在战争中解决"知己知彼"的问题中发展起来的。

　　20世纪六七十年代，在越南密林覆盖的"胡志明小道"上，北越部队向南方游击队源源不断输送着战略物资，如图5-1所示。美国计划将这个通道截断。

图 5-1　胡志明小道

于是围绕着这个秘密通道，美越双方进行了一场血腥的较量。美军曾经动用航空兵狂轰滥炸，但效果不大。后来，美军投放了2万多个"热带树"传感器。这些传感器实际上是由震动和声响传感器组成的系统，它由飞机投放，落地后插入泥土中，只露出伪装成树枝的无线电天线，因此被形象地称为"热带树"。只要对方车队经过，传感器探测出目标产生的震动和声响信息，自动发送到指挥中心，美机立即展开追杀，总共炸毁或炸坏46000辆卡车。但是这个时候的传感器节点只负责探测数据流，然后直接传给信息分析中心。传感器节点之间并没有计算能力，相互之间也不进行通信，不是严格意义上的网络。

进入到20世纪八九十年代，美军研制出了具有感知能力、计算能力和通信能力的分布式传感器网络系统，并将这种技术应用于对外作战。这些微型化的传感器有了初步的信息处理和组网通信能力，被商业周刊列为21世纪最具影响力的技术之一。

2001年的9月11日，美国发生了震惊世界的"9·11"事件，世贸大楼被恐怖分子控制的飞机撞毁。如何找到恐怖分子头目拉登，成了摆在美国面前的一道难题。由于拉登深藏在阿富汗山区，如图5-2所示，神出鬼没，极难发现他的踪迹。美国人在拉登经常活动的地区大量投放各种低功率微型探测传感器，采用无线多跳自组网方式，将发现的信息以类似接力赛的方式，传送给远在波斯湾的美国军舰。这就需要用到无线传感网的技术。

图5-2　本·拉登在阿富汗山区的藏身地

这时的传感器网络相对于上一代的传感网来说，具备了网络传输自组织能力，也就是说，传感器节点之间的数据传送通道可以根据需要灵活组织，一个节点到下一个节点，最终到汇聚节点的路径可以自主选择，即具备了节点之间灵活

路由的功能。在战争中，传感器节点经常需要放置在荒郊野外，不能够进行实时供电，因此，传感器节点必须设计为低功耗的，以便支撑长时间工作。

## 5.1　多跳自组织

独木不成林、单丝不成线。单枪匹马的人难成大事。

吴小白问道："一个传感器只能采集一个点的测量信息，如果要获取一个面的测量信息，该怎么办呢？"

武先生道："要获取大范围测量信息，一个传感器肯定不够。有时需要成千上万个传感器。但如果这些传感器不能协同作战，一盘散沙，也用处不大。成千上万的传感器，要组成配合默契的团队，才有用。"

"传感器团队？"吴小白说道。

"是的。无线传感网就是传感器团队。"武先生道。

"这个团队能够有效传递信息，整合信息么？"吴小白问道。

"是的。这个团队不但能够灵活组合、有效沟通，而且可以工作在偏远的地方，做到能耗最少！"武先生总结道。

### 5.1.1　什么是无线传感网

在日常生活中，要想实现用户终端之间彼此传递信息，必须借助通信网络。现在人们常常使用手机微信聊天、看在线视频，需要有 4G、5G 的移动通信基站组成的网络作为无线通信的基础设施。使用 Wi-Fi 上网的无线局域网，由于采用了 WLAN AP 这种固定接入设备，也是属于有基础设施的网络。这种有通信基础设施的网络在物联网中可以作为网络层来传送感知层产生的信息。

但是，在一些网络层基础设施并不完善的地方，很容易出现孤立的传感器节点。想实现感知层数据的快速高效传送，就需要感知层自身可以搭建信息传送的通道，借助传感器自身，作为信息传送的节点，进而组成感知层信息收集的网络。也就是说，传感器不能各自为战，需要众多传感器彼此沟通协作，默契配合，组成战无不胜、攻无不克的"传感器团队"。

无线传感网（Wireless Sensor Network，WSN）如图 5-3 所示，是由大量无线传感器组成的，具有信息采集、传送和处理三大功能的网络。无线传感网中的传感器，可以是静止状态或是移动状态，彼此协作地采集覆盖范围内被测对象的监测信息，经过初步数据处理，然后以自组织和多跳的方式将采集到的信息传送到

汇聚节点，然后将信息传到有一定处理分析能力的平台。

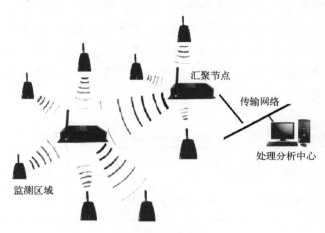

图 5-3　无线传感网

　　传感器技术、通信技术和计算技术是无线传感网具备信息采集、信息传送和信息处理能力的关键技术，是物联网感知层网络化的基石。无线传感网由很多无线传感器组成，多个无线传感器节点通过无线通信协议相互通信。无线传感网不但能够解决如何感知物理世界信息的问题，还可以进行信息交换，完成信息的整合处理和分析。

　　无线传感网系统通常包括传感器节点（Sensor Node）、汇聚节点（Sink Node）、通信子网和管理监控中心。如图 5-4 所示，传感器节点和汇聚节点也称为数据获取子网，通信子网也可称为数据传送子网。也可以说，无线传感网由数据获取子网、数据传送子网、管理监控中心三部分组成。

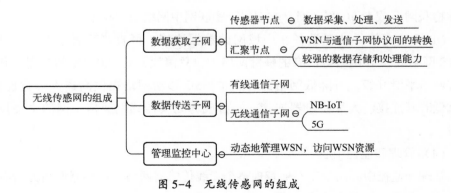

图 5-4　无线传感网的组成

（1）传感器节点

每一个无线传感器都由传感器模块、计算存储模块、无线通信模块组成。这样每一个无线传感器都具备数据采集能力、数据处理能力、数据发送能力。无线传感器节点要想正常工作，还需要有能量供应单元。再加上前面提到的数据采集单元、数据处理和控制单元、无线通信单元。无线传感器节点应该由如图 5-5 所示的四部分组成。

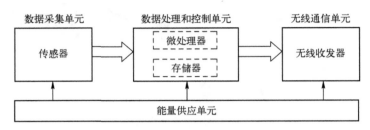

图 5-5　无线传感器节点构成

（2）汇聚节点

汇聚节点的处理能力、存储能力和通信能力相对较强，它是连接传感器网络与 Internet 外部网络的网关，实现两种协议间的转换，同时向传感器节点发布来自管理节点的监测任务，并把无线传感器网络 WSN 收集到的数据转发到外部网络上。

（3）通信子网

这个通信子网，可以是有线通信网，或者是无线通信网。无线传感网从汇聚节点到管理监控中心的通信子网可以是 NB-IoT（Narrow Band Internet of Things，窄带物联网）或者 5G 移动网。这都属于物联网中网络层的技术。

NB-IoT 支持低功耗设备在广域网的数据连接，可直接部署于 GSM 网络、UMTS 网络或 LTE 网络等已有的蜂窝网络上，只消耗大约 180 kHz 的带宽。利用已有网络平滑升级，可降低网络部署成本。5G 移动网络提供高速大带宽连接、可靠低时延连接、大规模机器连接，必将成为无线传感网通信子网的主要技术手段。

（4）管理和监控中心

管理和监控中心用于动态地管理整个无线传感器网络。传感器网络的所有者通过管理节点访问无线传感器网络的资源。

在监测区域内部或附近随机部署的传感器节点，能够通过自组织或多跳方式构成网络。传感器节点监测到的数据可以由本节点进行简单处理，然后可利用其他传感器节点做跳板进行逐段转发；经过多个节点，路由到汇聚节点，最后通过互联网或卫星到达管理监控平台。用户通过管理或监控平台对传感器网络进行配置和管理，向网络发布查询请求和控制命令，以及接收传感器节点返回的监测数据，如图 5-6 所示。

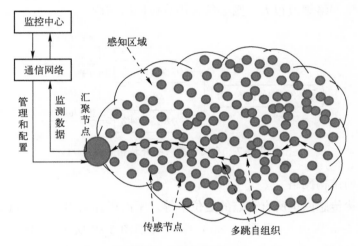

图 5-6　无线传感网示例

## 5.1.2　拓扑结构

无线传感器网不需要无线基站、WLAN AP 等基础设施，由传感器节点在监测区域内自行组织并构成网络。无线传感网属于物联网感知层的技术，而不是属于物联网网络层的技术。

IEEE 802.11 标准委员会采用了 "Ad hoc" 一词来描述这种特殊的网络。Ad hoc 源自于拉丁语，意思是 "for this"，引申为 "for this purpose only"，即 "为某种目的设置的，特别的"。

无线传感网是 Ad Hoc 网络，是一种有特殊用途的自组织、多跳无线移动网络。无线传感网是省去了控制中心而组建起来的对等网络，网络中所有结点的地位平等，任何节点可以随时加入和离开网络，任何节点的故障不会影响整个传感网络的运行，具有很强的抗毁性。

Ad hoc 网络中的节点不仅具有普通移动终端所需的功能，而且具有在节点间

进行报文转发的能力。感知到的信息可经过多个地位平等的中间节点进行转发，即多跳（MultiHop）转发，这是与移动通信网络或 WLAN 网络最根本的区别。无线传感网也因此被称为多跳无线网（MultiHop Wireless Network）、自组织网络（Self-Organized Network）或无固定设施的网络（Infrastructureless Network）。

　　根据节点数目的多少，无线传感网的节点拓扑结构可分为基于平面的拓扑结构、基于簇的分层结构两种，如图 5-7 所示。如果网络的规模较小，一般采用平面结构；如果网络规模很大，则必须采用分级网络结构。

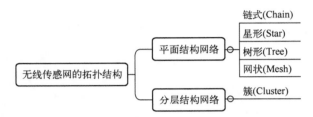

图 5-7　无线传感网拓扑结构分类

（1）平面结构网络

　　平面结构传感网里所有节点的地位平等。平面拓扑结构可分为链式（Chain）结构（如图 5-8 所示）、星形（Star）结构（如图 5-9 所示）、树形（Tree）结构（如图 5-10 所示）、网状（Mesh）结构（如图 5-11 所示）。

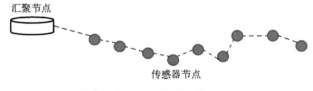

图 5-8　链式结构

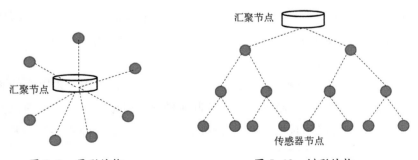

图 5-9　星形结构　　　　　　图 5-10　树形结构

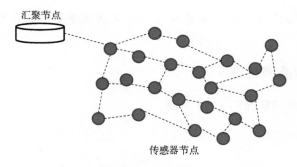

图 5-11 网状结构

　　链式结构、星形结构和树形结构，从源节点到目的节点只存在一条路径，中间有一个节点故障，会影响经过该节点路由的所有传感器的信息传递，可靠性较差。

　　网状结构从源节点到目的节点之间一般存在多条路经，网络可靠性较强，网络负荷由所有路径共同承担，不易出现网络流量瓶颈。但网状结构在节点之间传送的报文开销会占用很大的带宽，影响网络数据的传输速率，能耗也较大。

　　（2）分层结构网络

　　传感器节点规模特别大的时候，平面结构网络可扩展性问题就较为突出。可以将传感器网络划分为多个簇，每个簇由一个簇头和多个簇成员组成，如图 5-12 所示。这些簇头形成了高一级的网络。簇头节点负责簇间数据的转发，簇成员只负责数据的采集，相比网状结构来说，大大减少了路由控制信息的数量。分层结构网络，也可称之为簇树形（Cluster Tree）结构，具有很强的可扩充性。需要增加传感器节点，可以通过再增加一个簇的方式来完成。但是相对于簇成员来说，簇

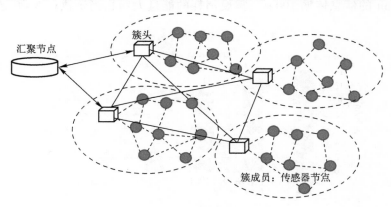

图 5-12 分层传感网结构

头的能量消耗问题较大，簇头发送和接收报文的频率要高出普通节点几倍或十几倍。

### 5.1.3 无线传感网特征

无线传感网的特征如图 5-13 所示。

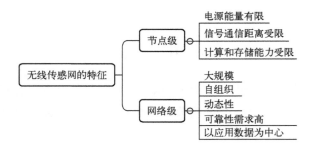

图 5-13 无线传感网的特征

（1）节点级

传感器节点在工作时需要消耗电能。但有无线传感器一旦在野外布放下去，很难再补充电能，所以电源能量是有限的。所以对能耗的控制是无线传感网的重要特征。

无线传感网的耗能部件包括传感器模块、处理器模块和无线通信模块。随着集成电路工艺的进步，处理器和传感器模块的功耗变得越来越低，无线通信模块消耗传感器节点的绝大部分能量，是传感器节点的耗能大户，如图 5-14 所示。也就是说，传感器节点在收发信息时的耗电要比计算处理信息时更厉害。有人测试过，1 bit 的信息传输 100 m，需要消耗的能量大约相当于执行 3000 条计算机指令。

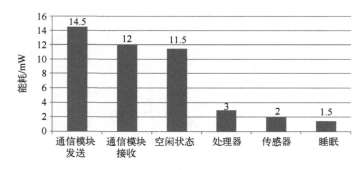

图 5-14 无线传感网各状态能耗对比

传感器节点之间是通过无线的方式进行信号传播的。自由空间的传播模型是最简单的无线电波传播模型。在给定信号频率的时候,无线电波的传播损耗只和距离的平方成正比。但大多数情况下,传感器节点部署贴近地面部署,障碍物多、干扰大,随着传播距离的增加,能耗也急剧增加。有时传播损耗能达到和距离的 3 次方或 4 次方成正比。为了节约电能,传感器发射模块的功率不能太高。因此传感器节点的通信距离是受限的。为了保证无线信号的可靠传输,应尽量减少传感器节点单跳的通信距离。一般而言,传感器节点的无线通信半径控制在100 m 以内比较合适。

传感器节点要满足价格低、功耗小的目标,其携带微型处理器的计算和存储能力受限,但却要完成监测数据的采集和转换、数据的管理和处理、应答汇聚节点的任务请求和节点控制等多种工作。因此无线传感网在设计通信协议时,要尽量简化,以方便处理器提高效率。

从传感器节点自身来说,具备电源能量有限、信号通信距离受限、计算和存储能力受限等共同特征。

(2)网络级

在组网方面,无线传感器网也具有一些鲜明的自身特点,包括网络规模大、自组织性、动态性、高的可靠性需求,以数据为中心等。

1)大规模:为了获取精确和可靠的信息,在监测区域通常需要部署大量传感器节点,数目可能成千上万。举例来说,在原始大森林采用传感器网络进行森林防火和环境监测,需要把传感器节点分布在很大的地理范围内;由于森林密集、环境复杂,无线信号传播距离有限,需要在较小面积内部署大量的传感器。也就是说,从覆盖范围和密度上,无线传感网的规模都是很大的。

我们知道,有些昆虫天敌较多,在自然环境中处于弱势,就靠大量繁殖取胜,降低了个体是否存活对种族延续的意义。无线传感网的大规模性也可以通过大量冗余节点的存在,降低对单个节点精确性、可靠性的要求,使得系统具有很强的容错性能,同时增加了不同视角获取信息的能力,增大覆盖的监测区域,减少覆盖空洞或者覆盖盲区。

2)自组织:举例来说,通过飞机播撒大量传感器节点到人类不可到达的区域或者危险的区域,如面积广阔的原始森林或处于交战状态的区域,这时,传感器节点的位置不能预先精确设定,节点之间的邻居关系也不能提前知道。这就要求传感器节点具有自组织的能力,能够自动进行配置和管理,通过拓扑控制机制和网络协议自动形成转发监测数据的多跳无线网络。

3）动态性：在传感器网络使用过程中，部分传感器节点由于能量耗尽或环境因素导致失效，天气条件变化造成无线通信链路带宽变化，时断时通；为了弥补失效节点、增加监测精度而补充到网络中。这样在无线传感网的节点个数会动态地增加或减少，网络的拓扑结构随之动态地变化。传感器网络的自组织性要能够适应这种网络拓扑结构的动态变化。

4）可靠性需求高：无线传感器节点往往采用随机部署，如通过飞机撒播或炮弹发射到指定区域，遭受日晒、风吹、雨淋，甚至遭到人或动物的破坏。这样，就要求传感器节点非常坚固，不易损坏，适应各种恶劣环境条件。而且由于传感器节点数目巨大，开展网络维护工作困难，传感器节点的软硬件也必须具有鲁棒性和容错性。

5）以应用数据为中心：传感器网络是任务型的网络，在应用于目标跟踪的传感器网络中，跟踪目标可能出现在任何地方，对目标感兴趣的用户只关心目标出现的位置和时间，并不关心哪个节点监测到目标。事实上，在目标移动的过程中，必然是由不同的节点提供目标的位置消息，节点编号与节点位置没有固定的联系。因此脱离传感器网络所提供的数据，只谈论传感器节点的编号没有任何使用上的意义。用户使用传感器网络查询事件时，直接将所关心的事件通告给网络，而不是通告给某个确定编号的节点。网络在获得指定事件的信息后汇报给用户。这种以数据本身作为查询或传输线索的思想更接近于自然语言交流的习惯。所以通常说传感器网络是一个以应用数据为中心的网络。

## 5.1.4　无线传感网关键技术

无线传感网的每个节点不但要完成检测数据的采集，还要完成数据的初步处理和分析以及无线信息的发送和接收，从而可以组成一个相互协作、动态拓展且安全的网络。随着芯片技术的发展，微处理机运算速度越来越快，无线传感器网的功能也会也来越丰富，性能也越来越强大。

为了支撑节点级的功能和网络级的性能，无线传感网要具备一些关键技术、包括传感器节点管理、数据存储与访问、数据融合技术、时间同步技术、定位技术、网络协议设计、网络拓扑控制技术、网络安全技术等，如图5-15所示。

无线传感网每个节点涉及的关键技术如下。

（1）传感器节点供电管理

无线传感器节点采用电池供电，工作环境通常比较恶劣，一次部署终生使用，更换电池比较困难。如何节省电源、最大化网络生命周期呢？

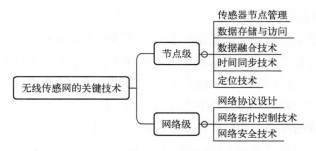

图 5-15　无线传感网的关键技术

传感器节点管理主要的目的是在小容量电池供电的情况下，延长节点工作时间，提高节点的能量利用率。低功耗设计、提高能效是目前无线传感器网络的核心研究内容之一。传感器节点的管理机制主要包括两个方面：节点的休眠/唤醒机制和节点的功率管理机制。

（2）数据存储和转发技术

由于传感器节点在成本、体积大小等方面的限制，处理器和存储器性能有限，不允许进行复杂算法的运算。也就是说，传感器节点的数据处理能力、存储能力和通信能力相对于计算机、手机等设备来说较差一些。

每个传感器节点除了进行本地信息收集和数据处理外，还要完成一些组网能力要求的功能，比如对其他节点转发来的数据进行存储、管理、转发，并与其他节点一起协作支撑一些网络功能。嵌入式操作系统的设计能力是提高传感器节点数据存储和转发能力的关键。传感器节点的无线覆盖范围少则几十米，多则一百米，如何在有限的无线通信能力下，完成监测数据的无线传送？这也是提高数据转发能力的关键所在。

（3）数据融合技术

在无线传感网中的每个节点都会产生大量的测量数据。这些数据的传送给网络形成负荷，造成网络的数据传输压力。用户感兴趣的是数据而不是网络和传感器硬件本身。无线传感网是以获取有效数据为核心目的的，要求从源节点产生的数据经过多个中间结点后，到汇聚节点时，将冗余的、无效的和可信度较差的数据剔除，从而提高数据的准确性、减少网络中的数据量、减少数据冲突、减少网络容量需求、降低网络拥塞、降低能量消耗、延长网络的寿命。这就要求传感器的中间节点具有数据融合的技术，即通过一定的算法，根据数据的内容对来自自身及邻近多个传感器节点的数据进行融合操作，去除其中冗余无效的信息，只保留有意义的数据。

（4）时间同步技术

由于传感器节点的物理位置是分散的，不同的节点都有自己的本地时钟，网络无法为所有的传感器节点提供统一的全局时钟。由于不同节点本地时钟的晶振频率存在偏差、运行环境不同，随着运行时间的增加，这些传感器节点本地时钟之间也会逐渐产生差异。传感器节点之间协同工作，网络协议可靠运行，对无线传感器网络时钟的准确度和精确性要求较高。时间同步就是通过一定的技术为传感器节点的本地时钟提供一个统一的时间标度。

（5）定位技术

获取传感器节点的位置信息是无线传感器网络在垂直行业应用时面临的最大需求。在目标跟踪、入侵监测及一些定位相关领域的应用中，经常需要把监测信息与位置信息结合起来使用。在军事侦察活动中，需要准确地掌握敌方的军事部署，这里需要地理位置信息；在交通路况监测工作中，需要了解目标车辆的行踪、故障车辆的位置等。因此，定位技术是无线传感网的关键技术。

以上都是无线传感网每个节点涉及的关键技术。节点之间要想协同工作，还需要支撑一些网络通信相关的关键技术。无线传感网成功应用的关键也在于传感网节点之间组网的功能与性能，这里涉及的关键技术有网络协议、网络拓扑控制技术、网络安全技术三个方面。

（1）网络协议

无线传感网中最重要的网络协议是介质访问控制（Media Access Control，MAC）协议与路由协议。但是由于无线信道的使用场景特殊，能源使用效率要求较高，无线传感网需要对 MAC 协议和路由协议进行针对性设计。MAC 协议的设计要在传统无线 MAC 协议的基础上考虑能源有效性和传感器监测数据的特点。超时 MAC（Timeout MAC，T-MAC）、敏感元件 MAC（Sensor MAC，S-MAC）、IEEE 802.15.4 及时分多址（Time Division Multiple Access，TDMA）协议是典型的 MAC 协议。无线传感器网络的路由协议分为：能量感知路由、地理位置路由、基于查询的路由以及可靠路由协议。无线传感器网络的 MAC 协议和路由协议各有各的适用场景和特点。

（2）网络拓扑控制技术

无线传感网作为一种自组织的动态网络，没有基站支撑，这就是说每一个节点都可能由于电能不足或者故障离开网络，也有可能有新节点加入网络。这就要求网络可以自动愈合，网络拓扑可以动态变化。

网络拓扑控制技术是为了高效地进行数据转发，对网络骨干节点进行选择和

功率控制，剔除节点间不必需的无线通信链路，考虑节点在活动与睡眠状态间的转换问题，动态地生成网络拓扑结构。多跳自组织的网络路由协议是无线传感网网络级的关键技术。

（3）网络安全技术

根据无线传播和网络部署特点，现有的传感节点具有很大的安全漏洞，攻击者很容易通过节点间的数据传输而获得敏感或者私有的信息。比如，在智慧家庭的使用场景中，对室内的温度、灯光、空调、燃气、电视等都可以进行远程监控。攻击者通过监听室内和室外节点间信息的传输，也可以获知室内信息，从而非法获取出房屋主人的生活习惯，然后可以向传感器网络中发布假的路由信息或传送假的传感信息来迷惑使用者，或者进行拒绝服务攻击使网络瘫痪等。解决无线传感网安全问题的重要手段就是认证，包括实体认证与信息认证。实体认证就是在设备接入网络时，进行身份识别和安全准入控制，这是网络安全的第一道屏障。信息认证的主要目的是保证信息的完整性及确保信息源的合法身份，以避免非法节点发送、窜改、伪造信息。

## 5.2 职能界面清晰

我们可以想象一种场景，非洲野生动物的生活圈内部署了大量的无线传感器节点，还有微型摄像头，科考人员在美国的家里通过电脑观察着非洲野生动物的生活习性。非洲的传感器节点上收集的大量信号，在美国的家里就收到了。全世界几十亿台电脑，非洲的传感器节点也成千上万。在建立联系通道之前，科考人员的电脑和传感器节点两者之间并不知道对方准确的地理位置。那么科考人员的电脑和非洲传感器节点之间又是如何建立联系通道，然后开始传递信息的呢？

从非洲草原的传感器节点到科考人员的电脑中间要经过很多网络设备。传感器节点之间转发信息以及信息在互联网上进行传送，都需要遵循一定的协议和规则，否则无法通信。无论是无线传感网还是互联网，协议都是分层实现的，每一层都有自己的功能，每一层都靠下一层的服务支持。用户需要知道的是最上面的一层，不需要知道底层具体是如何实现的，但却可以使用底层提供的服务。

举例来说，如图5-16所示，过节了，我们想表达对远方父母的思念，怎么表达呢？寄个快递吧（应用层）。寄快递，我们并不需要关心哪辆车帮我们送到目的地，我们只关心哪个快递公司能够可靠快速地把我们的东西送给父母（传输层）。除危险品之外，快递公司也不关心我们究竟送什么样的快递，它只要求我

们在派送单上写清楚收件人姓名、电话、地址（目的端信息）和发件人姓名、电话、地址（源端信息）（网络层）。快递公司不可能专门为我们的一个快件工作，相同目的地的快件要在集散中心装载在标准的集装箱里（链路层），然后通过火车或者汽车运往目的地的集散中心（物理层）。到达目的地的集散中心后，要把集装箱里的包裹打开，然后按照每一个快件的地址送到具体的派件处，由快递员送到我们的父母手中。

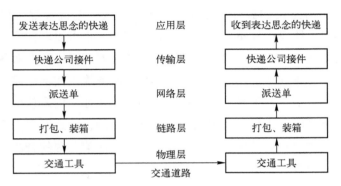

图 5-16 发送接收快递与网络分层

### 5.2.1 无线传感网的分层结构

无线传感网通信模块的协议栈多采用五层协议结构：应用层、传输层、网络层、数据链路层、物理层，类似以太网 TCP/IP 协议栈的五层协议。有的书上，把数据链路层和物理层合成一个网络接口层，这样协议栈可以分为 4 层。

最底层是物理层，也叫作"实体层"（Physical Layer），主要负责无线信号在具体的传输媒介的传输，也负责载波频率的产生、提供简单且健壮的信号调制，实现比特流在物理端口之间的传输。

数据链路层（Data Link Layer），负责数据成帧、帧检测、媒体接入和差错控制，完成的是相邻两个节点间比特流的解析或汇聚。

网络层（Network Layer）主要负责路由发现、路由生成、路由选择与路由维护，以实现网络中任意两个节点间的连通和数据转发。需要指出的是，这里的网络层是分层协议上的概念，和物联网整体分层结构里的网络层概念不一样。物联网分层结构里的网络层是指由移动通信设备或互联网通信设备组成的、负责数据传送的实体网络。

传输层（Transportation Layer）负责两个节点间的数据流的连接和传输控制，

是保证通信服务质量的重要部分。

最上面的一层叫作应用层（Application Layer），由完成一系列无线传感网的监测任务功能的软件组成，负责任务调度、数据分发等具体业务。

越下面的层，越靠近硬件和物理媒介；越上面的层，越靠近用户能理解的数据。

从无线联网的角度来看，无线传感网节点的体系除了分层协议外，还需有网络管理和应用支撑接口等部分功能。

无线传感节点通过分层协议自组织成一个分布式网络，将采集的数据优化后经无线电波传输给信息处理中心。这个分层协议在无线传感网中应用的时候，需要考虑无线传感网的特征，进行必要的限制和约束。网络管理功能的目的就是使得分层协议适合在无线传感网上使用。

无线传感网节点资源有限，这一点和互联网的特征不同。为了使节点能够高效协同地工作，协议栈还应采用跨层设计技术，在各个协议层垂直分布着各种网络管理功能，如能量管理器、移动管理器和任务管理器，完成能量管理、移动管理、任务管理等。这些管理器使得传感器节点能够按照能源高效的方式协同工作，在节点移动的传感器网络中转发数据，并支持多任务和资源共享。

网络管理功能主要是对无线传感器节点自身的管理和用户对传感器网络的管理。能量管理器的目标是尽量延长网络的可用时间，它决定无线传感器节点如何使用能源。移动管理器检测并注册无线传感器节点的移动，维护到汇聚节点的路由，使得传感器节点能够动态地跟踪其邻居的位置，进行灵活的无线传感节点拓扑控制。任务管理器在一个给定的区域内根据应用需求，平衡和调度监测任务、优化任务实施。各层协议和管理器的结构如图 5-17 所示。

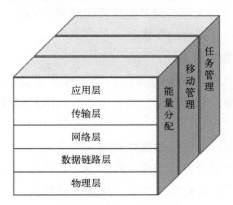

图 5-17　无线传感网的分层结构

在无线传感网分层协议和网络管理技术的基础上，还需要提供各种无线传感网的应用支撑接口，以便为 WSN 用户提供开发和维护接口，便于一系列基于监测任务的软件开发。

由上可知，无线传感网的分层体系结构如图 5-18 所示。

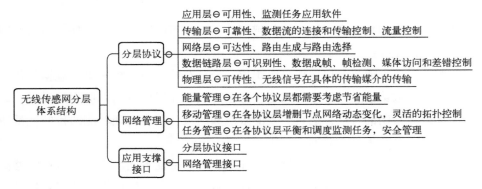

图 5-18　无线传感网分层体系结构

## 5.2.2　无线传感网的通信技术

无线传感器节点要想组网，首先必须具备什么能力？当然是通信能力。一些彼此不沟通的人很难组成一个团队；两个节点之间都没有通信能力，就谈不上组网。组网能力一定建立在通信能力之上。因此了解无线传感网，先要从无线传感网最底层的通信能力开始。

无线传感网的通信能力在物理层和数据链路层的 MAC 子层实现，如图 5-19 所示。这两层合起来可以称为无线传感网的通信层，为上层组网提供通信服务，主要解决了数据的点到点或者点到多点的传输问题，同时要满足传感器网络大规模、低成本、低功耗及鲁棒性的要求。

**1. 无线传感网的物理层设计**

两个传感器通信节点之间要想通信的第一件事就是要两个节点物理上连起来，可以用光缆、电缆、双绞线等方式。无线传感网当然要用无线电波的方式把节点连起来。

两个无线传感器节点如何通过无线电波通信呢？

国际标准化组织对开放系统互联（Open System Interconnection，OSI）参考模型中的物理层定义如下：物理层为建立、维护和释放两个物理端口之间的二进制比特流的物理连接，提供机械的、电气的、功能的和规程的支撑。

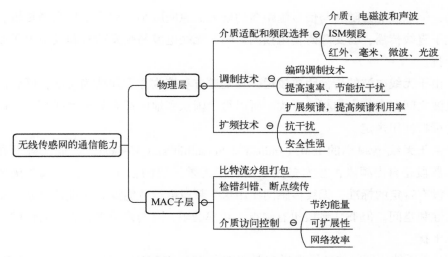

图 5-19  无线传感网的通信能力

在无线传感网的整个协议栈中，物理层与硬件的关系最为密切。物理层位于协议最底层，是整个协议栈的基础。它的设计对各上层内容的跨层优化设计具有重要的影响。物理层的设计要考虑低成本、低功耗及鲁棒性的要求。也要考虑微型化的传感器单元、处理器单元和通信单元的有机集成。采用了不适宜的调制方式、工作频带和编码方案，即使设计出的网络能够勉强完成预定的功能，也未必满足推广应用所需的成本和电池寿命方面的要求。

无线传感网的物理层定义了无线传感器节点连接起来的物理设备标准和物理手段，如无线电波的电气特性、接口特点、无线电波的传输速率等。它的主要作用是在物理连接上传输二进制比特流，把上层来的由 1、0 组成的比特流转化为电磁波相应的幅值、频率、相位等来进行传输，到达目的地后再把电磁波转化为 1、0 组成的比特流。

无线通信物理层主要技术包括介质的选择、频段的选择、调制技术和扩频技术。

（1）介质适配和频段选择

电磁波和声波是无线通信的重要介质。声波一般仅用于水下的无线通信，电磁波则是在地面、空间中最主要的无线通信介质，是无线传感网使用的主要介质。根据波长的不同，电磁波分为无线电波、微波、红外线、毫米波和光波等。

无线电波的传播特性与频率相关。如果采用较低频率，则它能轻易地通过障

碍物，但电波能量随着与信号源距离的增大而急剧减小。如果采用高频传输，则它趋于直线传播，易受障碍物阻挡的影响。无线电波易受发动机和其他电子设备的干扰。

由于无线电波的传输距离较远，且发送方和接收方无须精确对准，同频的无线电波之间存在较大的相互干扰。所以每个国家和地区都有关于无线频率管制方面的授权使用规定。

由于无线电频率的 ISM（Industrial Scientific and Medical，工业、科学和医疗）频段是自由频段，在大多数国家属于无须注册的公用频段，可选频谱范围大，没有特定的标准，无线传感网使用这个频段会给节能策略的设计带来更多的灵活性和空间。但 ISM 频段也有缺点，功率受限，且与现有多种无线通信的应用存在干扰。

目前无线传感网的频段选择主要集中在 433～464 MHz、902～928 MHz 和 2.4～2.5 GHz 的 ISM 波段。

红外通信也无须注册，而且抗干扰能力强，所以也是无线传感网节点之间常用的通信介质。但红外通信的主要缺点是穿透能力差，要求发送者和接收者之间存在视距关系。这导致红外难以成为无线传感器网络的主流传输介质，而只能在一些特殊场合得到应用。

（2）调制技术

调制和解调技术也是无线传感网通信系统的关键技术之一。通常信号源的编码信息（即信源）含有直流分量和频率较低的交流分量，称为基带信号。基带信号不能作为无线信号在空中传播，需要借助高频无线电波。调制技术就是将基带信号变化改变为高频载波的幅度、相位或频率的变化；解调则是将基带信号从高频载波中提取出来的过程。

调制主要起到信号与信道匹配、增强电波的有效辐射、方便频率分配、减小信号干扰的作用，对通信系统的有效性和可靠性有很大的影响。采用什么方法调制和解调往往在很大程度上决定着通信系统的质量。

在选用编码调制技术方面，要考虑无线传感网的应用条件。编码调制技术影响频率占用带宽、通信速率、收发机结构和功率等一系列的技术参数。比较常见的编码调制技术包括幅移键控、频移键控、相移键控。

提高数据传输速率可减少数据收发的时间，对于节能具有意义，但需要同时考虑提高网络速度对误码的影响。一般用单个比特的收发能耗来定义数据传输对能量的效率。单比特能耗越小越好。

低能耗和低成本的特点要求调制机制设计尽量简单，使得能量消耗最低。但另一方面，无线通信本身的不可靠性，传感器网络与现有无线设备之间的无线电干扰，以及具体应用的特殊需要使得调制机制必须具有较强的抗干扰能力。调制技术的选用需要在低能耗需求和抗干扰需求二者之间寻求平衡。

（3）扩频技术

扩频又称为扩展频谱，是一种信息传输方式，其信号所占的频带宽度远大于所传信息必需的最小带宽；频带的扩展是通过一个独立的码序列来完成，用编码及调制的方法来实现，与所传信息数据无关；在接收端用同样的码进行相关同步接收、解扩后恢复所传的信息数据。

扩频通信与一般无线通信系统相比，主要是在发射端增加了扩频调制，而在接收端增加了扩频解调。扩频技术的优点包括：可进行多址通信、易于重复使用频率、提高了无线频谱的利用率；具有很强的抗多径干扰能力、对各种窄带通信系统的干扰很小、误码率低；隐蔽性好、安全性强、难以被敌方窃听；能精确地定时和测距；适合数字语音和数据传输，以及开展多种通信业务。

**2. 无线传感网的 MAC 层设计**

有了无线传感网的物理层，两个节点之间可以发送 0 和 1 组成的比特流了。但是单纯的比特流没有任何意义，这些比特流代表什么意义呢？是协调两个节点工作的控制指令，还是彼此在交互文本信息？如何解读这些比特？

MAC 层要确定 0 和 1 的分组打包方式，规定比特流的解读方式。多少个比特算一组？每个比特位或者每个比特组有何意义。MAC 层对高层来的数据进行格式化，对高层屏蔽了物理传输介质的特性。

无线频谱是无线通信的介质，这种广播介质属于稀缺资源。在无线传感器网络中，可能有多个节点设备同时接入信道，数据之间冲突严重，接收方难以分辨出接收到的数据，从而浪费了信道资源，导致网络吞吐量下降。那么，一个无线传感器的节点比特流何时发送？如何发送？如何使用无线介质？MAC 层控制了高层来的数据流对物理介质的访问。何时使用及如何使用物理介质，MAC 层说了算。

无线传感器结点的能量、存储、计算和通信带宽等资源有限，单个结点的功能比较弱，而传感器网络的丰富功能是由众多结点协作实现的。MAC 协议就是有效、有序和公平地使用共享无线介质的一组规则和过程。MAC 协议决定着无线信道的使用方式，用来在多个传感器结点之间分配有限的无线通信资源，构建传感器网络系统底层的基础通信能力。

两个节点传输的比特流是否完全正确？如果不正确，可否纠错？如果比特流在传送过程中被中断了，恢复通信后，如何继续传送？为了在无线传感器节点间完成数据的可靠传输，MAC 层还要进行错误检测，然后还要进行纠错。

由上可知，无线传感器网络中，完成比特流分组打包，控制如何使用无线介质，完成检错纠错和断点续传这些功能，就需要设计无线传感网的介质访问控制协议。MAC 协议对网络性能有较大影响，是保证无线传感网各节点之间高效通信的关键协议之一。

无线传感网的 MAC 协议在无线介质访问控制的设计时，需要考虑无线传感网面临以下实际问题。

1）节省能量：这是无线传感网各层设计时都要考虑的问题。传感器节点一般用干电池等提供能量，能量是有限的，当能量耗尽时，传感器节点本身不能自动补充能量或能量补充不足。为了确保无线传感网长时间有效工作，MAC 层协议在完成本职工作的前提下，节约能量成为无线传感网 MAC 层协议设计的首要考虑因素。

2）可扩展性：无线传感网节点的数目、分布的密度会动态变化，不断有新的节点加入，老的节点离去。MAC 协议应具有可扩展性，可以动态控制网络的拓扑结构。

3）网络效率：MAC 协议设计要保证各节点使用传感网络资源的公平性、实时性，确保网络吞吐量和带宽利用率等。

从以上分析可知，无线传感网的 MAC 协议与互联网络的 MAC 协议所关注的重点不同。互联网中的设备节点可以获得连续的能量供应，拓扑结构相对稳定，因此互联网的 MAC 协议设计重点考虑节点带宽的公平性和利用率。无线传感网的 MAC 协议重点考虑的是能耗、可扩展性，然后才是网络效率。因此互联网的MAC 协议不适用于无线传感网。

S-MAC（Sensor MAC）协议是典型的无线传感器网 MAC 层协议。这种协议是在 IEEE 802.11 MAC 协议的基础上，针对无线传感器网的节能需求而提出的。

S-MAC 的设计目标是在尽量减少节点能耗的情况下，提供良好的网络拓扑适应性。无线传感器节点有四种工作状态：发送状态、接收状态、侦听状态和睡眠状态；无线通信模块在发送状态消耗能量最多，在睡眠状态消耗能量最少。S-MAC 针对每一种状态都尽量地降低无效能耗。S-MAC 适应数据量传输不大，允许一定通信延迟的无线传感网。

### 5.2.3 无线传感网的组网技术

在无线传感网的底层通信技术之上，完成网络的自组织和自运行，这就需要组网技术。无线传感网的组网能力构建于分层结构的网络层和传输层。网络层负责数据的路由转发，传输层实现数据传输的服务质量保障。无线传感网组网技术的作用就是在资源消耗与网络服务性能之间取得平衡的基础上，向高层应用提供一个可靠且具有严格功耗预算的动态网络。

无线传感网的组网技术有很多，本书重点介绍路由协议，如图 5-20 所示。路由协议是指在各个相互连接的无线传感器节点中，从源节点选择一条路径（一个中间节点或多个中间节点）向目的节点传送分组数据包的方法或规则。

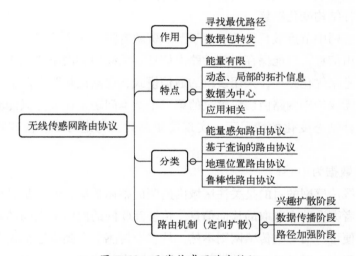

图 5-20　无线传感网路由协议

总的来说，路由协议有以下两个主要作用。

1）在源节点和目的节点间存在多个路径的情况下，寻找一个最优化的路径。

2）把分组数据包从源节点到目的节点的优化路径上转发出去。

**1. 无线传感网路由协议的特点**

互联网中的网络节点之间进行数据包转发也需要路由协议。与互联网中的路由协议相比，无线传感网的路由协议有以下特点。

（1）能量有限

在底层通信协议的设计过程中，需要考虑无线传感器节点的能量有限问题。

在网络层路由协议的设计中，一样要考虑延长无线传感器在整个网络中的工作时间。因此，选择各节点间的路径进行数据包转发时，能量消耗最低是一个重要的目标。同时，要避免某几个节点始终处在唤醒和工作的状态中，而其他的一些节点则始终处在睡眠状态中。这样，网络中各节点间的能量消耗是不均衡的，时间长了，会导致一部分传感器节点能量耗尽，从而破坏无线传感网的完整性。所以在路由协议设计的过程中，也要兼顾节点能量均衡使用的问题。

总之，无线传感网路由协议解决的第一个基本问题是在能量有限的情况下，实现节点能量最低消耗和均衡消耗的路由机制。

（2）动态、局部的拓扑信息

我们已经知道，无线传感节点组成的网络链路稳定性差、通信环境恶劣，会遇到各种非正常或不可预料的情况。无线传感网随时可能增加一个节点或删除一个节点，拓扑结构变化频繁。

无线传感网中节点数目较多，由于节点资源有限，一个节点无法保存整个网络节点的路由信息，只能保存局部的路由信息。无线传感网络要基于动态的、局部的拓扑信息来优化路径，采用多跳的通信模式，逐渐优化路由信息。

总之，无线传感网路由协议解决的第二个基本问题是在节点只能获取局部拓扑信息和拓扑动态变化的情况下，实现简单高效、稳定可靠、快速收敛的路由机制。

（3）以数据为中心

部署无线传感网的目的是关注区域内监测的整体数据，而不是具体哪个节点的位置，或者哪个节点获取的片面信息。传统互联网的网络节点间的数据包只要做透明转发便可。而无线传感网则不然，从多个传感节点到少数汇聚节点的数据流汇聚的过程中，要做必要的数据融合，形成更有整体意义的数据。同时，为了减少传感器节点的数据通信量，不同节点的数据汇聚到某一转发节点时，使用一定的算法把不同入口的报文融合成数目更少的出口数据报文，然后转发给下一跳。

总之，无线传感网路由协议解决的第三个基本问题是按照对整体感知数据的需求，使用数据融合技术，形成以数据为中心的路由及信息转发能力。

（4）应用相关

物联网和应用强相关，无线传感网也是服务于某一高层应用的网络。应用场景千差万别，应用需求各有不同，没有一个路由机制能打包天下所有的应用。另外不同应用对应的网络资源状况需求也不同，而且随时会发生变化。

也就是说，无线传感网路由协议解决的第四个基本问题是针对每一个具体应用的场景需求，依据当前应用的资源状况，选择最优化路径，以匹配该应用的场景和资源。

**2. 路由协议的分类**

从无线传感网路由协议的特点出发，依据不同应用的侧重点不一样，可以将路由协议分为以下四类。

（1）能量感知路由协议

这种路由协议的首要目标就是降低能耗、均衡能耗，从数据传输的能量消耗出发，解决如何延长无线传感网的工作时间，如何高效利用网络能量的问题。

（2）基于查询的路由协议

这种路由协议以应用所需的信息流向和传输的数据量为主要设计对象。汇聚节点作为查询节点，发出任务查询命令，无线传感网的环境探测节点采集的数据，经过不同节点的融合和汇聚后，向监控中心报告。节点间的通信流量主要是查询节点和传感器探测节点间的命令和数据传输。这种路由协议一方面通过减少通信流量来节省能量，另一方面通过查询和数据融合获取有效信息，是数据融合技术与路由协议设计相结合的路由协议，在环境检测、战场评估等应用中使用较多。

（3）地理位置路由协议

这种路由协议以目的节点的精确度或者大致地理位置为主要设计对象。在一些无线传感网的应用中，需要进行目标跟踪，这就与节点的坐标位置强相关。在这种路由协议中，路由选择的依据是节点的位置信息。在跟踪目标的过程中，唤醒距离被跟踪目标最近的传感器节点，计算得出关于目标最精确的位置。这种路由协议节点的路由选择功能主要依据的是节点的地理位置，兼顾系统整体能耗的降低。

（4）鲁棒性路由协议

在一些无线通信环境恶劣、无线链路稳定性较差的场景，无线传感网通信质量较差。这个时候，为了获取比较可靠的数据，就需要选择通信质量好的路径来传送数据。这种路由协议选择可靠性高、鲁棒性强的路径，主要的目标是提高数据通信质量。

鲁棒性路由协议主要适用对通信链路可靠性、对服务质量和通信实时性等方面有特别要求的场景。如在战争等恶劣的场景中，采用视频探头进行战场环境监测，希望获取的视频图像在一定时间内尽可能流畅，而不是让传感器节点工作十

年八年。这时协议设计的主要目标就是链路的可靠性、鲁棒性。

**3. 定向扩散路由机制**

定向扩散（Directed Diffusion，DD）路由是一种典型的、常用的、基于查询的路由协议。

某一个汇聚节点，把自己要查询的信息发布出去，这个汇聚节点就可以叫作扩散节点；要查询的信息叫作兴趣信息，表达了网络用户对监测区域内感兴趣的具体内容，例如监测区域内的温度、湿度和光照等数据。扩散节点采用广播的方式将兴趣信息传播到整个或部分区域内的所有传感器节点。

在兴趣信息的发布过程中，逐跳地在每个传感器节点上建立反向的从数据源到汇聚节点的信息回传路径，传感器探测节点将采集到的数据沿着回传路径的方向传给汇聚节点。定向扩散路由机制可以分为如下三个阶段。

（1）兴趣扩散阶段

这个阶段是查询任务发布阶段。汇聚节点周期性地向邻居节点广播兴趣消息，如图5-21所示。兴趣消息中含有任务类型、目标区域、数据发送速率、时间戳等参数。

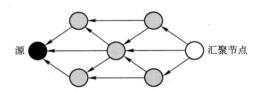

图 5-21  兴趣扩散阶段

各节点在本地保存一个兴趣列表，列表中记录着给该节点发布查询任务的上一级节点的信息以及这个兴趣消息的参数。每个兴趣消息对应多个下一级的邻居节点，每个邻居节点建立一个向汇聚节点传递数据的回传路径信息。

为了建立源节点到汇聚节点的数据传输路径，兴趣扩散阶段有一个汇聚节点的广播过程，这个阶段在能量和时间方面开销较大。

（2）数据传播阶段

当传感器节点采集到与查询任务（兴趣）匹配的数据时，该节点就把数据发送到回传路径上的邻居节点，并按照路径上的数据传输速率，设定传感器节点采集数据的速率，最终可将查询任务要求的信息返回至汇聚节点，如图5-22所示。这个阶段，由于源节点可向多个邻居发送采集到的数据，汇聚节点可能收到经过多个路径的相同数据。

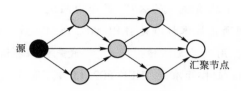

图 5-22　数据传播阶段

（3）路径加强阶段

源节点到汇聚节点在开始有多条信息传播路径。数据源节点以较低速率多次采集和发送数据，在此过程不断地优化数据发送的路径，并根据网络拓扑的变化来修改数据转发的节点关系。在路径加强阶段，最终选定了一条从源阶段到汇聚节点的最优路径（如图 5-23 所示），用来传送兴趣消息。

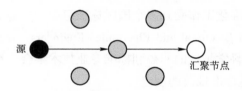

图 5-23　路径加强阶段

## 5.3　蜜蜂之舞——ZigBee

大批工蜂出巢采蜜前，先派出侦查蜂去寻找有优质蜜源的花丛。在发现优质蜜源后，侦查蜂会飞回蜂巢跳一支"8"字型或"Zigzag"型的舞蹈，来给其他工蜂传递蜂蜜所在地。舞蹈的速度表示蜂巢到蜜源的距离，花粉的味道能够传递蜂蜜的种类，蜜蜂通过舞蹈这种特殊的肢体语言来传递信息。ZigBee 就是采用这种低复杂度舞蹈来传递信息的"蜜蜂"。

如果想要数量庞大的蜂群能够彼此都进行沟通交流，每个蜜蜂都应该能够遵循相同的跳舞方法，都能够理解蜂舞的含义。这就要求建立一整套蜂舞的标准体系，这样无论规模如何大，任意两个蜜蜂之间均可理解对方传递的信息。

### 5.3.1　ZigBee 与 IEEE 802.15.4 的联系与区别

"不同厂家的无线传感器节点能组网么？"吴小白问道。

"每个传感器节点都遵循相同的标准，就能组网。"武先生回答道。

"什么样的标准？全球有统一的么？"吴小白问道。

"有。无线传感网通信技术标准是 IEEE 802.15.4，最开始它是用于无线个人局域网的标准，后来，用到了无线传感网上。"武先生回答道。

"无线传感网通信技术标准是 IEEE 802.15.4，难道它不是组网技术标准么？"吴小白问道。

"IEEE 802.15.4 仅仅是通信技术标准。ZigBee 在此基础上构建了组网技术标准。"武先生道。

无线传感网的重要特点就是低成本且可大规模部署。规模庞大的传感网节点可能来自不同的厂家，实现不同的监测任务，但节点之间均可建立通信渠道，完成多跳通信任务，这就必须实现无线传感网的通信技术和组网技术的标准化，使不同厂商的传感器节点能够协同工作。

无线传感网的标准化工作受到多个国际标准组织的普遍关注。电气和电子工程师协会（Institute of Electrical and Electronics Engineers，IEEE）是致力于电气、电子、计算机工程和科学领域的非盈利标准专业技术学会。在无线传感网的方向上，IEEE 完成了一些标准规范的制定。

无线传感网的各个节点之间的沟通，属于近距离、低复杂度、低功耗、低速率、低成本的无线通信，借用"ZigBee"可以形象地表现出这种类型的沟通特征。

距离短、功耗低、传输速率要求不高的电子设备之间进行无线沟通交流，信息传递有周期性、间歇性、低响应时间的特点，这种无线电技术先后有"HomeRF Lite""RF-EasyLink"和"fireFly"等多个名字，现在都统称为ZigBee。IEEE 802.15.4/ZigBee 规范，已经被无线传感网技术研究领域和商业应用领域的从业人员看作是无线传感网的标准。

IEEE 802.15.4 是 IEEE 组织制定的无线个人局域网（Wireless Personal Area Network，WPAN）标准，定义了短距离无线通信的物理层及链路层 MAC 子层的规范。由于 IEEE 组织在无线领域的影响力，以及多家著名芯片厂商的推动，ZigBee 事实上已成为 WSN 底层的标准。

那么，ZigBee 是什么？ZigBee 是低复杂度、低功耗、低数据速率、低成本的近距离无线网络技术，可支撑千个微小的传感器节点之间相互协调实现通信。ZigBee 无线网络最先是为工业现场自动化控制数据传输而建立的，现在成为无线传感网节点间通信的主要协议，为不同无线传感网应用相互通信提供一套统一的

标准。

ZigBee 在 IEEE 802.15.4 的基础之上，定义了网络层、安全应用层的标准规范，如图 5-24 所示，先后推出了 ZigBee 2004、Zig-Bee 2006、ZigBee 2007/ ZigBee PRO 等版本。此外，ZigBee 联盟还制定了针对具体行业应用的规范，如智能家居、智能电网、消费电子等领域，旨在实现统一的标准，使得不同

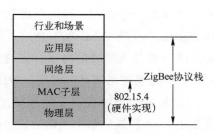

图 5-24　ZigBee 协议栈

厂家生产的设备之间能够相互通信。ZigBee 在新版本的智能电网标准 SEP 2.0 已经采用新的基于 IPv6 的规范，随着智能电网的建设，ZigBee 将逐渐支撑 IPv6标准。

ZigBee 是以 IEEE 802.15.4 为基础的协议，技术特点如图 5-25 所示。从使用的工作频率、覆盖范围、数据传输速率、能耗水平、可靠性等方面看，有 IEEE 802.15.4 技术特点的影子。

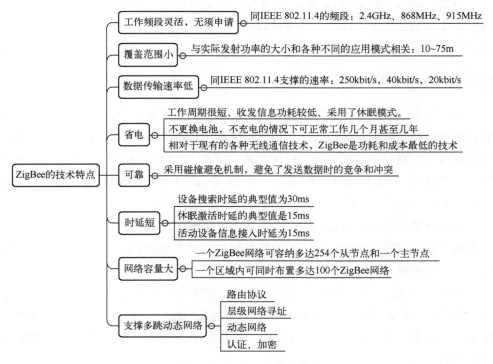

图 5-25　ZigBee 的技术特点

许多工程设计人员在刚开始接触无线传感网的时候，认为 ZigBee 和 IEEE 802.15.4 是一个概念，将两者混为一谈。有的工程技术人员不清楚到底应该选择 ZigBee，还是 IEEE 802.15.4，还是开发自己的专有网络协议。ZigBee 和 802.15.4 都是无线通信协议，支持无线分层分级组网，为无线传感网的上层应用提供所需要的网络基础设施。笼统地说，两者是一样的。

IEEE 802.15.4 定义了物理层（PHY）和媒体访问控制（MAC）层，ZigBee 将 802.15.4 扩展到整个通信协议，包括上层的网络层（NWK）、应用层（APL）等。ZigBee 仅仅是 802.15.4 上层的一种协议而已。包括 ZigBee 和 ZigBee Pro 等在内的许多其他协议也采用 802.15.4 作为物理层和数据链路层。

由于 IEEE 802.15.4 是物理层（一层）和链路层协议（二层），定义的目的是适应低功耗的需要，实现的是点对点的通信，没有三层以上协议，不能直接支持路由。ZigBee 支持网络层协议（三层），在 IEEE 802.15.4 协议之上添加了路由协议与层级网络寻址方案，可以实现多个传感器节点的通信，支撑群集树拓扑结构（具有相同 PAN ID）和多跳网状拓扑结构。

总之，ZigBee 具备 IEEE 802.15.4 协议的所有功能，同时还能提供智能化的网络建立和信息路由、认证、加密等服务，目标是支持多厂家、多应用环境中大量传感器节点之间的通信。

## 5.3.2　IEEE 802.15.4 物理层

802.15 是 IEEE 制定的无线个人局域网协议，主要用在个人及消费类便携式移动电子设备之间的双向通信场景；典型的覆盖范围在 10~75 m 左右，适用于无线短距离专用网络。目前来看，应用比较广泛的 WPAN 技术有：蓝牙（802.15）技术、ZigBee（802.15.4、低频）和超带宽（Ultra Wide Band，UWB）（802.15.3、高频）技术。

无线传感网的出现要比无线个人局域网晚很多。无线传感网的底层标准沿用了无线个人局域网的 IEEE 802.15 的相关标准，其中 IEEE 802.15.4 的标准在无线传感网的应用尤其广泛。

IEEE 802.15.4 主要提供了无线传感网的物理层和 MAC 层的标准。作为低速率、低功耗、短距离的无线通信协议标准，IEEE 802.15.4 在无线电收发频率、数据传输速率、物理帧和 MAC 帧格式、设备类型、网络工作方式、安全考虑等方面都做了规定。

众所周知，物理层提供的是无线传感网的射频硬件和无线环境的接口，包括

无线信号收发功能和物理层的管理控制功能。无线信号的收发功能是通过物理层的信道完成的。物理层的信道就是无线信号服务的接入点。

802.15.4 标准定义 27 个信道，编号为 0~26。这 27 个信道跨越了 3 个频段（全球 2.4 GHz、美国 915 MHz、欧洲 868 MHz），如图 5-26 所示。

1）868 MHz 频段有 1 个信道。

2）915 MHz 频段有 10 个信道。

3）2.4 GHz 频段有 16 个信道（使用最为广泛）。

不同信道的频段的中心频率 $f_c$ 不同，与信道编号 $k$ 的关系如下。

1）$f_c = 868.3\,\text{MHZ}$，$k = 0$

2）$f_c = 906 + 2 \times (k-1)\,\text{MHz}$，$k = 1, 2, \cdots, 10$

3）$f_c = 2405 + 5 \times (k-11)\,\text{MHz}$，$k = 11, 12, \cdots, 26$

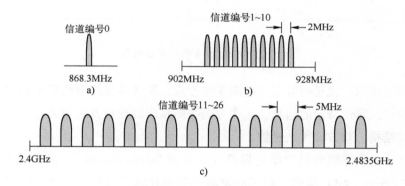

图 5-26　IEEE 802.15.4 信道

a）868 频段　b）915 频段　c）2.4G 频段

IEEE 802.15.4 支持物理层的低速率信号传输。由于不同载波频率的信道带宽不同，支持的信道传输速率也不同。IEEE 802.15.4 支持 20 kbit/s、40 kbit/s 和 250 kbit/s 三种不同的传输速率。在 868 MHz 频段，有 1 个 20 kbit/s 的信道；在 915 MHz 频段，有 10 个 40 kbit/s 的信道；在 2.4 GHz 频段，有 16 个速率为 250 kbit/s 的信道。

一个无线传感网可根据 ISM 频段的可用性、拥挤状况和数据速率，在 27 个信道中选择一个工作信道。但如果无线传感网使用的 ZigBee 芯片只支持 2.4G 的载波频率，那么这个芯片只能配置编号为 11~26 的信道，支持的速率只有 250 kbit/s。

IEEE 802.15.4 物理层的帧结构如图 5-27 所示，包括同步头（Synchronous Header，SHR）和物理层协议数据单元（Physical Protocal Data Unit，PPDU）。物理层协议数据单元由物理层帧头（Physical Header，PHR）和物理层负载、物理层帧尾（Physical Header，PFR）三部分组成其中，物理层负载也叫物理服务数据单元（PHY Service Data Unit，PSDU），物理层帧尾是可选部分。

| 前导码 | 帧起始定界符 | 帧长度 | 保留位 | 净荷 | 帧尾 |
|---|---|---|---|---|---|
| 4B | 1B | 7bit | 1bit | 可变长度 | 0/1B |
| 同步头（SHR） | | 物理层帧头（PHR） | | 物理层负载（PSDU） | 物理层帧尾(PFR) |
| | | | 物理层协议数据单元(PPDU) | | |
| 空气中传送的数据包 | | | | | |

图 5-27　802.15.4 物理层帧结构

所谓帧结构，就是指数据的组织安排方式，发送节点按照约定俗成的方式组织编排数据，发送特定的信息，接收方则按照相应的规则方式提取信息。没有约定好的帧结构，双方就无法通信。

同步头由前导码和帧起始定界符（Start of Frame Delimiter，SFD）构成。前导码由 32 个 0（4B）组成，用于收发器进行码片或者符号的同步；帧起始定界符（SFD）域由 8 bit（1B）组成，表示同步结束，数据包开始传输。

物理帧头由 8 bit（1B）组成，由于物理帧的长度是可变的，物理帧头的 7 个比特位用来表示帧长度，剩余的 1 个比特位是保留位，可用于协议扩展。

物理层的净荷，也叫作 PSDU，是由 MAC 层发送到物理层的数据单元形成的，长度是可变的，在 0~127B 之间。不同的净荷长度决定了不同的物理层传输速率。物理层 PSDU 的长度由物理帧头的帧长度域来表示。

无线传感网在不同的应用场景下，允许的最低能耗不同，数据传输速率的要求也不同。PSDU 的长度设置要考虑具体的应用场景。

物理层帧、空气中传播的数据包之间的关系，可由下式来表示。

物理层协议数据单元=物理层帧头+物理层服务数据单元+物理层帧尾

空气中最终传播的数据包=同步帧头+物理层协议数据单元

IEEE802.15.4 物理层的管理控制功能对无线信号的收发进行控制，具体包括：

1）激活和去活无线收发射频模块。

2）选择信道的频率。

3）检测当前信道的能量，用于信道评估。

4）支持冲突避免的载波多路侦听技术（CSMA-CA）。

5）发送链路质量指示。

6）支持确认机制，保证传输可靠性。

### 5.3.3　IEEE 802.15.4 MAC 子层

无线传感网 MAC 层协议设计的主要目标是提供可靠的 MAC 层通信链路的同时，减少因碰撞、监听信道、开销造成的能源浪费。

近年来应用较为广泛的 MAC 层协议有：IEEE 802.15.4 LR-WPAN 和 Sensor -MAC（SMAC）协议。LR-WPAN 有两种运行模式：Beaconed（信标使能，使用无线广播进行同步）和 Beaconless（非信标使能，采用 CSMA/CA 机制）。S-MAC 具有定期监听和休眠两种运行模式。

**1. IEEE 802.15.4 MAC 子层概述**

IEEE802.15.4 MAC 子层定义了无线传感网的设备类型、设备角色及其可适应的网络拓扑结构，如图 5-28 所示。

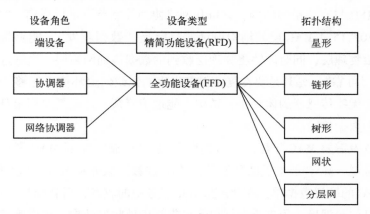

图 5-28　IEEE 802.15.4 设备类型、设备角色、拓扑结构对应关系

无线传感网有两种主要的设备类型：功能简化型设备（Reduced Function De-vice，RFD）、功能完备型设备（Full Function Device，FFD）。功能简化型设备是

网络中简单的发送接收节点，它一般由电池供电，只与功能完备型设备连接通信。功能完备型设备可以选择一个无线信道建立一个新的无线传感网，成为该无线网的唯一的协调控制者。它可与其他的功能完备型设备或功能简化型设备连接通信，一般接有线电源。

这两种设备类型可对应三种设备角色。

1）端设备（End Device）：只具有简单的收发功能，不能进行数据包的转发。

2）协调器（Coordinator）：通常通过发送信标实现与周围节点的同步，且具有转发数据包的功能。

3）网络协调器（PAN Coordinator）：为整个网络的主控节点，并且每个无线传感网只能有一个网络协调点。

功能完备型设备是全能的无线传感网设备，既可以做端设备，也可以做协调器和网络协调器。而功能简化型设备不同，它只能通过向有协调功能的节点注册，并连接后才能使用。RFD 不能成为协调器，也不能成为网络协调器，只能做端设备。

FFD 可以协调控制节点申请保证时隙（Guaranteed Time Slot，GTS），可以使用无竞争的信道接入机制；而 RFD 不能申请保证时隙，只能通过竞争机制接入无线信道。

FFD 可以支持任何一种无线传感网的拓扑结构，并且可以和任何一种设备进行通信；RFD 只支持星形结构，只可和网络协商控制节点进行通信，实现简单。

IEEE802.15.4 MAC 层帧结构设计的目标是"数据收发"，能够将网络层来的数据发给物理层，同时能够将物理层收到的数据传到网络层。当然这个"数据收发"要"可靠"，尤其是要在复杂得多噪声的无线信道环境下能够"可靠"地交互数据。无线传感器的体积小，结构不能过于复杂，这就需要用最低的复杂度实现可靠的数据传输。

数据收发需要 MAC 子层的"数据服务"；"可靠"需要 MAC 子层的管理服务。也就是说，MAC 层提供两种服务：MAC 层数据服务和 MAC 层管理服务。前者完成 MAC 的协议数据单元在物理层数据服务中的收发，后者维护存储 MAC 子层相关信息的数据库，用来为数据单元可靠正确地收发数据，提供管理服务。

**2. MAC 层帧结构**

无线传感节点的应用层产生了要传输的数据，经过逐层的数据处理，到 MAC 层形成了 MAC 层的负载即 MAC 服务数据单元（MAC Service Data Unit，

MSDU）。在 MAC 层，将高层下来的 MSDU 组装成 MAC 层的帧。

MAC 层的帧，也叫 MAC 协议数据单元（MAC Protocal Data Unit，MPDU），长度不超过 127B。不同的 MAC 帧虽在细节构成上不同，但都是由帧头（MAC Header，MHR）、MAC 服务数据单元和帧尾（MAC footer、MFR）构成，如图 5-29 所示。

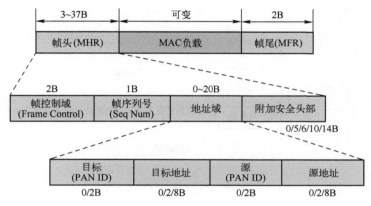

图 5-29　MAC 通用帧结构

MAC 层通用帧的组成关系，可由下式来表示：

MAC 协议数据单元 = MAC 帧头+MAC 服务数据单元+MAC 帧尾

帧头域包括帧控制域、帧序列号、地址类型、附加安全头部，按照固定的顺序出现。帧控制域的长度是 16 bit，包含帧类型定义、寻址域和其他控制标志等。序列号域的长度是 8 bit，为每个帧提供唯一的序列标识。

地址域不一定要在所有的帧都出现。也就是说，有的帧，地址域可以是 0B。地址域包括目标地址域和源地址域。目标地址域包括目标 PAN 标识和目标地址，源地址域包括源 PAN 标识和源地址。PAN 标识的长度是 16 bit，内容是特定接收节点或源节点的唯一 PAN 标识。目标地址和源地址可以是 16 bit（2B）短地址或者 64 bit（8B）扩展地址。目标地址指定接收方的地址，源地址是发送帧的设备地址。

帧负载域长度可变，根据不同的帧类型其内容各不相同。

帧尾（MFR）由帧校验序列（Frame Check Sequence，FCS）构成，长度是 16 bit（2 个字节）。源节点发送数据帧时，由帧的帧头和数据负载部分计算得出一个循环冗余校验（Cyclical Redundancy Check，CRC）码，目的节点接收到后，用同样的方式再计算一遍 FCS，如果与接收到的 FCS 不同，则认为帧在传输过程

中发生了错误，从而选择丢弃这个帧。由此可见，FCS是一种错误检测机制，用
来检验帧是否可靠、正确、完整地被目的传感器节点接收。

**3. MAC层的四种帧类型**

MAC帧有四大类：信标帧、数据帧、确认帧、MAC命令帧，如图5-30所
示。信标帧、确认帧、MAC命令帧是由MAC层自身产生的，而数据帧是由高层
（应用层）产生。

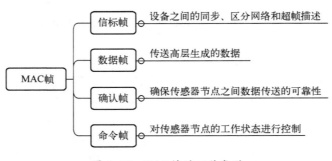

图5-30　MAC帧的四种类型

（1）信标帧格式

在IEEE 802.15.4中，为了方便无线传感网的管理，引入了信标帧和超帧结
构的概念。在无线传感网中，信标帧用于传感器节点之间的同步、区分PAN
（个域网，在这里指无线传感网）和描述超帧结构。信标帧MPDU由MAC子层
产生。超帧结构是协调器用来限定传感器节点对信道的访问时间。无线传感网通
过发送信标帧，就能实现超帧限定。

为了让传感网的功耗最低，需要所有节点在必要的时候，同时开始工作；在
无信息传递的时候，同时开始休眠。在使用信标的无线传感网中，协调器通过向
无线传感网中的所有从节点发送信标帧，来保证这些节点能够同自己进行同步
（同步工作和同步休眠）。信标帧的帧结构如图5-31所示。

在信标中的地址域中，只保留了目标PAN ID和目标地址，只需要4个字节
或10个字节。一般情况下，信标帧要给本网络的所有节点发送，因此目标PanID
可以为0xFFFF，目标地址设置为广播地址（0xFFFFFFFFFFFF）。

信标帧的MAC负载中包含了超帧的描述。超帧格式由协调器定义和发送。
超帧描述字段有2个字节，包括的信息有：持续时间；活跃部分持续时间；竞争
访问时段持续时间。（超帧的使用后面还有介绍）

保护时隙（Guaranteed Time Slot，GTS）信息：将无竞争时段划分为若干个

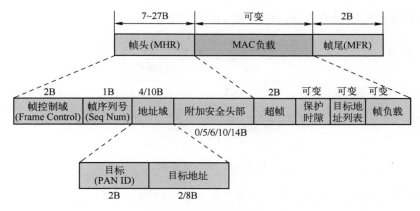

图 5-31　信标帧帧结构

GTS，并把每个 GTS 具体分配给某个传感器节点。

目标地址列表：协调器要转发数据时，对应的传感器节点地址。

负载数据：为上层协议提供数据传输接口。

信标帧 MAC 负载（MSDU）的组成关系，可由下式来表示：

$$MAC 负载 = 超帧描述 + GTS 信息域 + 目标地址列表域 + 负载数据$$

（2）数据帧

数据帧由高层（应用层）发起。在无线传感网设备之间需要进行数据传输的时候，应用层会生成要传送的数据，经过逐层的数据处理后，发送给 MAC 层，形成 MAC 层的服务数据单元（MSDU）。在 MAC 层添加帧头信息（MHR）和帧尾（MFR），便形成了完整的 MAC 数据帧（MPDU），其帧结构如图 5-29 的通用帧结构所示。

（3）确认帧

确认帧，也叫应答帧，由 MAC 子层生成。确认帧的目的就是为了确保传感器节点之间数据传送的可靠性。

例如，张三对李四说："我给你还钱了，你收一下"。李四回答说："收到。"李四回答的"收到"，就相当于一个确认帧。

在无线传感网中，传感器节点发出信息后，接收节点收到并确认信息正确，就给发送节点回复一个应答帧，这样表示接收节点已经正确地接收到相应的信息。

确认帧的结构如图 5-32 所示。MAC 子层应答帧有 MHR 和 MFR，共 5B 组成，没有 MAC 负载域，负载长度为 0。MHR 包括 MAC 帧控制域和数据序列号，

没有地址域和附加安全头部；MFR 由 2B 的 FCS 组成。

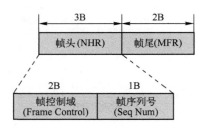

图 5-32　确认帧结构

发送信息的传感器节点可以设置是否需要接收节点应答。如果传感器节点在接收到数据帧信息后，发现目的地址是自己的地址，且帧的确认请求位设为 1，则回应一个确认帧。当然也可以通过 MAC 层的命令帧来设置是否回应。

在给发送端回应确认帧时，确认帧的序列号（Seq Num）要与要求回应的数据帧的序列号相同。确认帧紧接着要求回应的数据帧发送，不需要使用竞争机制。

（4）命令帧

MAC 命令帧由 MAC 子层发起。在无线传感器网络中，为了对传感器节点的工作状态进行控制，以确保无线传感网中节点之间的通信，可以使用 MAC 层的命令帧。其帧结构如图 5-33 所示。

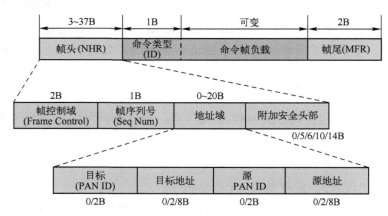

图 5-33　MAC 命令帧格式

命令帧中包含命令类型和命令帧载荷，其组成形式如下：

MAC 服务数据单元＝命令类型域＋命令帧负载

命令帧可以用于组建 PAN 网（如把传感器节点关联到无线传感网），传输同

步数据、与协调器交换数据、分配 GTS（保护时隙）等。

命令帧（Command Frame）有以下 9 种类型，可由帧的负载数据表示。

1）关联请求（Association Request）。

2）关联响应（Association Response）。

3）去关联通知（Disassociation Notification）。

4）数据请求（Data Request）。

5）PAN ID 冲突通知（PAN ID Conflict Notification）。

6）孤节点通知（Orphan Notification）。

7）信标请求（Beacon Request）。

8）协调器重组（Coordinator Realignment）。

9）GTS 请求（GTS Request）。

**4. 超帧**

前面讲到，在 IEEE 802.15.4 中，为了让协调器控制传感器节点对信道的访问时间，引入了超帧结构。在信标帧中有超帧的描述信息，包含了超帧的持续时间和这段时间的分配方式。也就是说，超帧受信标帧的约束和限制。在不希望协调器使用超帧结构的场景里，可以不发送信标帧。

超帧的第一个时隙用来传输信标帧，即每个超帧都以网络协调器发出信标帧开始。每个超帧分为 16 个大小相同的时隙，除开始的时隙为信标帧之外，其余 15 个时隙均可以是两个无线传感器节点之间的通信时间，可以安排自己的数据传输任务，如图 5-34 所示。每个超帧的后面跟着的一个时隙传输的也是信标帧，但这个信标帧属于下一个超帧的首个时隙。

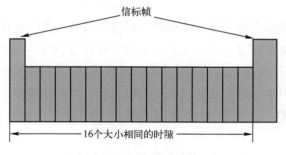

图 5-34 超帧的结构

超帧可以用来周期性地组织传感器节点间的通信。如图 5-35 所示，超帧可将通信时间划分为两个时间段：活跃期和非活跃期。在活跃期，多个传感器节点

通过竞争机制或非竞争机制获取和协调器之间的信道使用资格；在非活跃期内，协调器进入低功耗模式，协调器与网络中的传感器节点之间不能发生联系，即进入睡眠模式，可以节能。协调器的睡眠状态一直持续到一个超帧结束，另一个超帧开始。

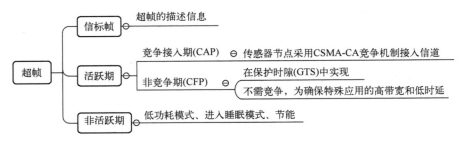

图 5-35　超帧的解析

超帧活跃期的信道接入机制分为两种：有竞争的和无竞争的。这样，活跃期也可分为竞争接入期（Contention Access Period，CAP）和非竞争期（Contention Free Period，CFP）。

我们可以把通过超帧进行通信的协调器和传感器节点想象成一个正在上课的班级。老师就是协调器，学生就是传感器节点。老师让学生发言时，总会说句类似的话："下面请同学们发表观点。"老师这样的话就是一个信标。好多学生都想发言，怎么办？有两种方法，谁先举手谁发言（基于竞争的），老师按一定顺序点名（基于无竞争的）。当学生们发言完毕，安静下来，老师和同学们都进入了静默期（非活跃期），直到老师提出下一个要讨论的问题（下一个超帧的信标帧到来）。

多个传感器节点想在竞争接入期使用相同的信道进行数据传输，必须通过竞争机制获取信道使用权力。这种竞争机制就是在互联网中常用的 CSMA-CA（载波侦听多路访问/冲突避免，Carrier Sense Multiple Access/ Collision Avoidance）机制。传感器节点中第一个发现信道未被占用的就可以传输数据。类似学生抢占发言机会的场景，第一个发现老师空闲的学生举手站起来的，就可以得到发言机会。

在非竞争期，多个传感器节点的信道接入，必须由传感网的协调器给每个传感器节点指定一个时隙，在指定的时隙里进行各自的信道接入。类似老师安排好学生的发言时间，每个学生在自己的时间里发言。这个指定的时隙叫作保证时隙（GTS，Guaranteed Time Slot）。非竞争机制非常适合需要保证数据传输带宽的场

景或者是低时延要求的场景。没有人抢占发言机会的场景，不受干扰地发表自己的观点，当然发言效果会好很多。在非竞争的情况下，传感器节点不受其他节点干扰，自己的数据传输效果当然会好很多。

非竞争期在竞争接入期之后，但在非活跃期之前。基于竞争的传感器节点在非竞争期之前完成传输。有特殊要求、需要特殊照顾的传感器节点在非竞争期接入网络。

从以上介绍可知，超帧的组成如图 5-36 所示。

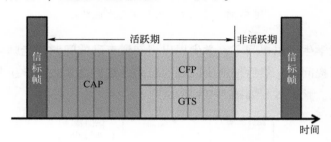

图 5-36　超帧的组成

**5. 使用信标的通信流程**

协调器与众多的无线传感节点之间通信，不使用信标机制，会产生很大的冲突，对无线通信资源和节点能源浪费严重。引入信标机制，可以合理地利用传感网的无线资源，有效地节能。

使用信标的通信流程有两种情况，一种是传感节点给协调器发送数据；另外一种是协调器给传感节点发送数据。如同在课堂上的发言有两种情况：学生要对老师说话和老师要对学生说话。

传感节点给协调器发送数据，需先等待协调器发来的信标帧。传感器节点收到协调器发来的信标帧，然后就可以给协调器发送数据，如同学生要对老师说话，需等老师示意以后，才可以发言。协调器收到传感器节点发来的数据，可以选择给传感器节点发送确认信息，也可以选择不给发送传感器节点发送确认信息，如同老师听到学生的发言，可以不给回应，也可以回应一下。整个过程如图 5-37 所示。

协调器给传感节点发送数据，先给传感器节点发信标帧。传感器节点收到协调器发来的信标帧，然后给协调器发送数据请求帧。协调器收到传感器节点发送的数据请求帧后，给传感器节点发确认信息，表明自己知道该发哪些内容了。然后协调器给传感器节点传送数据，传感器节点收到后，给协调器发送确认信息。

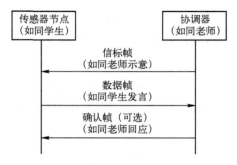

图 5-37　传感节点给协调器发送数据

如同老师示意学生可以提问了，学生提出想知道自己的问题，老师会给学生说自己已经知道所提问题，然后把解决问题的思路详细告诉学生。学生听到后，给老师明确的回应。整个过程如图 5-38 所示。

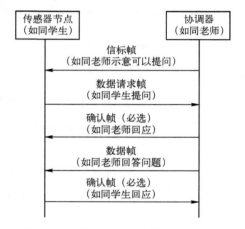

图 5-38　协调器给传感节点发送数据

协调器给传感节点发送数据的过程中，须由传感器节点给协调器发出一个命令帧（如数据请求帧）；而传感器节点给协调器发送数据时无须命令帧。此外，协调器给传感节点发送数据的过程中，协调器或传感器节点发出的确认帧是必选的；而在传感节点给协调器发送数据时，确认帧是可选的。因此，协调器给传感节点发送数据的过程，流程更加复杂、更加可靠。而传感节点给协调器发送数据时简化流程，目的也是为了起到节能的作用。

**6. MAC 层的主要任务**

综上所述，MAC 层控制着传感器节点之间的信道接入过程，完成可靠的数

据传输。MAC 层的具体任务如图 5-39 所示。

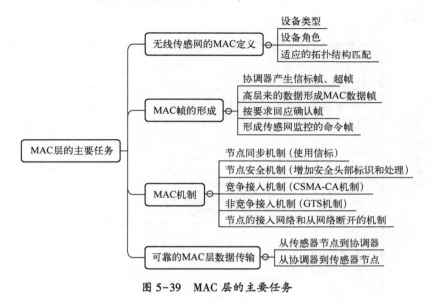

图 5-39 MAC 层的主要任务

## 5.3.4 解剖 ZigBee 协议栈

"ZigBee 协议在组网方面到底做了哪些事情啊?"吴小白问道。

"如果只是一个端设备和一个汇聚节点二者之间通信,IEEE 802.15.4 协议就可以支撑。但是多个无线传感节点之间要想动态组网,完成多跳节点之间的信息传递,就需要 ZigBee 的路由功能了。"武先生道。

"路由功能是网络层最重要的功能。那么 ZigBee 协议在应用层干了哪些工作呢?"吴小白问道。

"应用层主要是和使用者、设计者对接的。应用层可以屏蔽无线传感网底层实现复杂性,为用户简化无线传感网的使用和配置,为设计者提供无线传感网模块化的应用框架。"武先生道。

"ZigBee 协议还有其他作用么?"吴小白问道。

"当然了。除了数据传送服务之外,还有很多管理职能呢。"武先生说道。

按照组网分层模型,ZigBee 协议栈自上而下可分为应用层(APL)、网络层(NWK)、媒体访问控制层(MAC)和物理层(PHY)。图 5-40 所示为 ZigBee 网络协议架构。ZigBee 协议栈是 ZigBee 协议的代码实现。不同的公司有不同的 Zig-Bee 协议的实现细节。市面上有不同的 ZigBee 协议的实现版本,比如有密歇根州

立大学的 mssstatePAN 协议栈、freakz 协议栈，还有（美国德州仪器 TI）公司的 Zstack 协议栈。

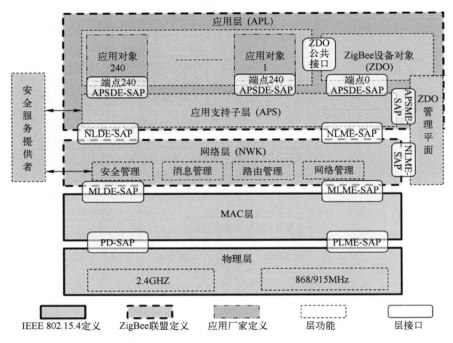

图 5-40  ZigBee 网络协议架构

ZigBee 协议栈的层与层之间通过服务接入点（SAP、Service Access Point）进行通信，每一层由它的下层提供必要的数据和管理服务，并向它的上层提供特定的数据和管理支撑。也就是说，ZigBee 协议栈有两类接口：数据服务接口和管理服务接口；有两类服务实体，数据服务实体（Data Entity，DE）和管理服务实体（Management Entity，ME）。数据服务实体通过接口向上层提供所需的常规数据服务；管理服务实体通过接口向上层提供访问内部参数、配置和管理数据服务。

（1）应用层

ZigBee 协议栈的顶层是应用层，主要负责把不同的应用映射到 ZigBee 网络，为不同应用提供 ZigBee 网络的功能和资源。由应用框架（Application Frame Work，AF）、ZigBee 设备对象（ZigBee Device Object，ZDO）和应用支持子层（Application Support Sublayer，APS）组成，如图 5-41 所示。

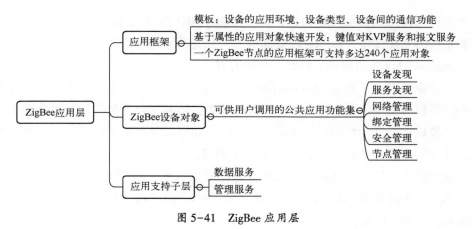

图 5-41　ZigBee 应用层

a. 应用框架

应用框架相当于一个无线传感网的应用组装车间。各 ZigBee 应用厂家可以通过应用框架自定义自己 ZigBee 设备中的应用对象，并且把应用对象驻留在应用框架所提供的环境里。

应用框架提供了模板式的开发空间，屏蔽了 ZigBee 底层协议的复杂性，为应用厂家简化了开发和维护界面。

一个厂家想开发一个智能家居的 ZigBee 设备，设计人员阿三首先来到应用的组装车间 AF。

阿三说："我想开发一个智能家居的设备……"

话音未落，车间主任拿出一些纸来，说："这是模板，填写一下吧。"

阿三正在疑惑的时候，车间主任说了："ZigBee 模板可不是我们自己随便定义的，是由领导部门负责的。"

阿三又问："领导部门是哪里？"

车间主任头也不抬说道："ZigBee 联盟，我给你的是 ZigBee 智能家居的模板。记住，按照要求认真把它填好了。"

平时领导布置任务的时候，阿三总喜欢要模板。因为模板给出了工作过程可用的资源和工作内容的格式标准。这样工作起来方便快捷。ZigBee 应用框架里的这些模板，阿三还是第一次接触，需要仔细看一下。

应用框架规定了开发应用对象的一系列标准数据类型、传输数据的帧格式、可使用的下层服务能力。这些内容设计者在使用应用框架里的模板时都可能会碰到。设计人员想使用 ZigBee 的协议，ZigBee 联盟提供了 "ZigBee 协议栈模板"；

设计人员想使用 ZigBeePRO 协议，有"ZigBeePRO 模板"；设计人员想开发诸如智能家居的无线设备，ZigBee 联盟提供了"特定网络的模板"。应用框架提供了使用 ZigBee 协议栈的简单、标准、一致的方式。

这些模板定义了设备的应用环境、设备类型以及设备间的通信功能。按照 ZigBee 模板的使用限制条件来分，模板可分为：私有、公开和共用。每个模板都有一个模板标识符，此标识符必须是唯一的。如果需要自定义满足特定需要的模板，开发商必须向 ZigBee 联盟申请模板标识符。

应用框架支持基于属性的应用对象快速开发。每个应用对象在数据传输时，可以使用应用框架提供的键值对（Key – Value Pair，KVP）服务和报文（Message，MSG）服务。

每个应用对象在 ZigBee 协议栈应用层的入口位置称之为端点。一个应用对象相当于放在应用框架的一个端点上的，用来控制和使用 ZigBee 设备、网络的软件功能集合。

一个 ZigBee 节点的应用框架可支持多达 240 个应用对象。应用对象的端点编号为 1~240。端点 0 被保留用于设备对象接口，端点 255 被保留用于广播，端点 241~245 被保留用于将来扩展使用。

b. ZigBee 设备对象

万丈高楼平地起。阿三在设计自己的智能家居应用对象的时候，也要从一些基础工作开始做起。凭借多年的设计经验，阿三发现他需要用到的功能，别的设计人员肯定也会用到，比如对 ZigBee 协议各层进行初始化，定义一个设备在网络中的类型（协调器还是端设备），设备间收发信息（底层提供的服务），安全管理功能等。如果这种很基础很公用的功能都需要自己从头设计，这设计的工作量可太大了。

这时一个声音在阿三脑海中回荡：用公共功能集吧！

什么是公共功能集？ZigBee 的公共功能集在哪里？

"去看看 ZigBee 设备对象吧！"不知道什么时候，车间主任站在了阿三的背后。

阿三质疑道："什么 ZigBee 设备？那不会是 ZigBee 网络中的硬件节点吧？"

车间主任说："不是 ZigBee 设备，是 ZigBee 设备对象。"

"加个'对象'有什么不同？"阿三问道。

主任的眼神中透露出一些对阿三的鄙夷，这种鄙夷的眼神中又洋溢出强烈的自我优越感。他说："ZigBee 设备对象是 ZigBee 协议栈中端点为 0 的一系列软件

功能的集合，不是硬件。"

ZigBee 设备对象是可供用户调用的公共应用功能集，可以满足 ZigBee 协议栈中所有应用操作的公共需求。

ZigBee 设备对象提供的一些基本功能，把应用框架中的诸多应用对象、模板和应用支持子层的许多功能打了一个包，形成一个可供调用的、匹配一定应用场景的功能集合。也就是说，ZDO 是需要应用框架和应用支持子层的支撑的，需要通过接口来使用应用框架和应用支持子层的功能。利用 APSDE_SAP 实现数据服务，利用 APSME_SAP 实现管理服务。

ZigBee 设备对象的端点编号总为 0。在 ZigBee 协议中，在需要对各层进行初始化时，或者需要对网络和服务进行配置的时候，应用程序可以通过端点 0 来调用相应的功能，与 ZigBee 协议栈的其他层通信。

ZigBee 设备对象汇聚来自端点应用的信息，执行端点号为 1~240 的应用端点的初始化。ZDO 包括以下几个功能：设备发现、服务发现、网络管理、绑定管理、安全管理、节点管理等功能。设备发现和服务发现是在所有设备中的 ZDO 都必须实现的功能。网络管理、绑定管理、安全管理、节点管理则是 ZDO 功能的可选项。

设备发现是指在 ZigBee 网络中，一个设备通过发送广播或者带有特定单播地址的查询，从而发现另一设备的过程。

服务发现是指在 ZigBee 网络中，一个设备发现另一终端设备提供服务的过程。服务发现可以通过发送服务查询来实现，也可以通过服务特性匹配来实现。

网络管理是指在 ZigBee 建立、组织、运行和维护网络中所涉及的管理过程。按照预先的配置或者设备安装时的设置，启动设备节点。当然，最先启动的应该是网络的协调控制中心——协调器。然后才是终端设备。在 ZigBee 网络运行的时候，网络管理的功能是扫描工作频段的所有信道，管理扫描过程，确定邻居网络，识别网络设备类型。扫描到一个新的无线信道，可以启动一个新的网络，或者选择一个已存在的网络并与这个网络建立连接。

绑定（Binding）是一种两个（或多个）应用设备之间信息流的控制机制，允许应用程序发送一个数据包而不需要知道目标地址。绑定即在源节点的某个端点（End Point）和目标节点的某个端点之间创建一条逻辑链路。绑定管理是绑定关系和绑定过程的管理，包括配置建立绑定表的存储空间和处理绑定请求。

安全管理是指在 ZDO 使用安全功能的情况下，完成建立密钥、传输密钥和认证过程的管理工作。

节点管理是 ZigBee 网络的协调器和路由器对终端设备的管理工作，包括：终端设备的网络发现、终端设备加入或离开网络等的过程。

c. 应用支持子层

应用支持子层属于应用层，为网络层和应用层之间提供接口支持。APS 基于两种类型的接口（数据服务接口 APSDE-SAP、管理服务接口 APSME-SAP），提供了两大类型的服务（数据服务 APSDE、管理服务 APSME）。

应用层数据服务（APSDE）对具体应用对象产生的数据进行处理，可以支撑同一个网络中的多个应用实体之间进行数据通信。应用对象按照标准格式产生的数据叫作应用层数据，经过 APSDE 处理后，加上用于寻址和应用层帧控制等必要的协议头，形成了应用层协议处理单元，可传给网络层作为网络层的服务数据单元，供其处理。

东西多了，就需要管理，否则杂乱无章；人多了，也需要管理，否则众口难调。众多的 ZigBee 设备对象和制造商定义的应用对象，在数据传输之外，也需要大量的沟通管理，否则很难协调高效工作。

ZDO 管理平面通过 APSME_SAP 接口提供应用层的管理服务。应用层管理服务（APSME）可以支撑应用对象的管理功能。

（2）网络层

网络层是负责网络拓扑结构的建立和维护网络连接的。从逻辑上，网络层可分为两种具备不同功能的服务实体，分别是数据实体（Network Layer Data Entity，NLDE）和管理实体（Network Layer Management Entity，NLME）。它的常见工作有启动网络（协调器）、分配网络地址、添加和删除网络设备、建立路由信息、执行路由策略和请求安全策略等。

网络层功能上由 IEEE 802.15.4 MAC 子层提供支持（通过数据服务接口 MLDE_SAP 和管理服务接口 MLME_SAP），同时为应用层提供服务接口（包括数据服务接口 NLDE_SAP 和管理服务接口 NLME_SAP），如图 5-42 所示。

网络层数据服务接口（NLDE_SAP）的作用主要有两点。

1）为应用支持子层的数据（APSDU）添加适当的协议头以便产生网络层协议数据单元（Network Protocol Data Unit，NPDU）。

2）根据路由拓扑结构，把网络层数据单元发送到通信链路的目的地址设备或通信链路的下一跳地址。

网络层管理服务接口（NLME_SAP）的作用有以下四点。

1）组网管理：配置新设备、地址分配、创建新网络、设备请求加入或者离

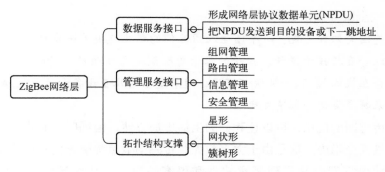

图 5-42 ZigBee 网络层

开网络。

2）路由管理：路径发现、路径维护、寻址等功能。

3）信息管理：信息单播、信息广播。

4）安全管理：协助安全服务提供者负责网络安全管理。

ZigBee 网络层支持三种拓扑结构：星形（Star）结构、网状（Mesh）结构和簇树形（Cluster Tree）结构。星形网络最常见，可提供长时间的电池使用寿命；网状网络可有多条传输路径，它具有较高的可靠性；树形网络结合了星形和网状形结构，既有较高的可靠性，又能节省电池能量。

（3）ZigBee 设备对象管理平面

ZDO 管理平面可以为应用支持子层和网络层提供管理服务，通过使用 ZigBee 设备对象来加强应用支持子层和网络层之间的联系。ZDO 管理平面可以使用 ZigBee（ZigBee Device Profile，ZigBee 设备配置信息）来处理 ZDO 的网络访问请求、安全策略需求等。

在 ZigBee 设备规范里，ZDO 定义了丰富的管理指令，支持多种管理服务。ZDO 管理平面集中了 ZDO 设备的管理职能。应用程序要和协议栈进行交互，数据传输的双方何时收信息，何时发信息，需要进行管理，这叫作数据传输管理；为了完成两个应用实体的数据传输，需要建立 ZDO 设备间的通信关系的绑定，这叫作绑定管理；网络中经常会有新加入的传感器节点，需要发现设备，这就是设备管理；使用密钥建立与其他设备之间的可靠安全的关系叫作安全管理。

应用层里存储有各种信息：应用对象信息、绑定关系信息、在网设备信息等，这些信息的维护需要一个数据库，这个数据库叫作应用层信息库（APS Information dataBase，AIB）。AIB 的管理，也是应用层管理服务的重要内容。

（4）安全服务提供者（SSP）

一对美国夫妇曾发现，一个陌生人用他们的婴儿监视系统窥视其三岁大的儿子，而且还一直与孩子说话。孩子的母亲曾听到一个陌生的声音说："醒来，小男孩，爸爸在找你"。孩子被他吓坏了。随着更多的儿童设备和玩具连接到网上，将会有越来越多类似的事情发生。

无线传感网的使用，可以让我们的生活更加方便。但同时，它也给我们带来了新的信息安全隐患。这是由于大多数无线传感网节点都缺乏内置的安全防范功能，这就使得它们容易受到恶意软件和黑客的攻击，从而导致无线传感网的瘫痪。

从 2016 年 9 月开始，Mirai 僵尸网络病毒感染了约 250 万个物联网设备，包括打印机、路由器和联网摄像头。恶意攻击者用 Mirai 来发动分布式拒绝服务（Distributed Denial of Service，DDoS）攻击，然后通过被 Mirai 感染的设备，进一步连接到目标网站，企图搞垮服务器，让网络瘫痪。

黑客和网络犯罪分子已经找到了危及许多物联网设备和网络的方法。有人预测在未来，我们会看到更多与物联网有关的攻击，在规模和影响方面将有增无减。

ZigBee 协议的安全服务提供者（Security Service Provider，SSP）为使用 ZigBee 协议栈的无线传感网设备提供越来越多的安全加固服务，如认证、鉴权、加密等。ZigBee 协议的安全服务可以通过 ZDO 管理平面来初始化和配置。

### 5.3.5　空气中的数据包怎么来的

在 ZigBee 协议栈中，每一层要传送的数据都是用帧的格式来组织的。每一层都有特定的帧结构，大致可分为帧头（Header）、净荷（Payload）、帧尾（Footer）。ZigBee 应用层产生的数据，在交给下一层后，每一个协议层都增加了各自的帧头和帧尾，帧头一般为帧控制信息、地址信息、安全要求信息，帧尾一般是数据校验认证信息，最终形成了在空气中可传送的数据包。整个过程如图 5-43 所示。

在 ZigBee 的应用层，AF 定义了两种帧类型：键值对和报文。应用层产生的数据都会匹配为这两个格式。

KVP 服务可以通过设置属性（Attribute）形成要传送的应用层数据。每一个属性对应着一个索引（KEY）和其相应的值，是一个反映物理数量或状态的数据结构体，比如：开关值（On/Off），温度值、湿度值、百分比等。其他设备可使

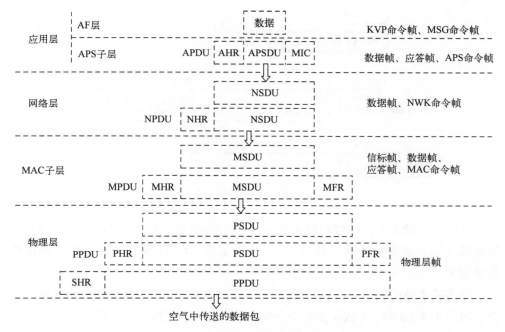

图5-43　空气中传送的数据包形成过程

用命令请示或设置属性值。用于 KVP 操作的命令有：Set、Get、Event。其中，Set 用于设置一个属性值，Get 用于获取一个属性的值，Event 用于通知一个属性已经发生改变。

属性值（Attribute Value）及针对属性的操作只能用来传输一些较为简单的数据格式。由于 ZigBee 在很多实际应用中，消息内容较为复杂，如果需要传送复杂的数据格式，就需要 MSG 服务了。MSG 服务允许的帧格式较为自由，对数据格式没有严格的要求，适合任何格式的数据传输，也可用来传送数据量大的消息。

AF 层形成的帧在 APS 层，添加 APS 层帧头（APS Header，AHR）和消息完整性码（Message Integrity Code，MIC）形成 APS 层的数据帧。AHR 包括应用层级别的地址信息、控制信息、安全信息、安全密钥等。在支持安全特性的 APS 数据帧的末尾会有 MIC 码，用来检验消息是否经过验证。此外 APS 层还会有另外两种帧类型：应答帧、APS 命令帧。这两种帧类型无须 AF 层的帧来映射，由 APS 层根据需要产生。

APS 层的帧可以作为网络层的净荷，通过添加网络层帧头（NWK Header，NHR）形成网络层协议数据单元，如图 5-44 所示。

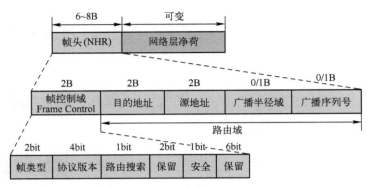

图 5-44　网络层帧格式

在网络层帧头中，帧控制域里有两位表示帧类型。网络层的帧类型有两种，数据帧（00）和网络层命令帧（01）。帧类型为 10、11 时，为保留位，协议中暂无定义。

路由搜索域的 1 个 bit 位，1 表示支持路由搜索；0 表示不支持路由搜索。安全子域的 1 个 bit 位，1 表示使用安全操作；0 表示不支持安全操作。

网络帧帧头的广播半径域只有在目的地址为广播地址，即 0xFFFF 时，才存在。其值限定了广播的范围。这个帧每被一个节点接收到一次时，该值减 1。这个值为 0 时，不再发送广播包。

广播系列号的存在条件与广播半径域相同，也是要求目的地址为广播地址，即 0xFFFF。每发送一次广播包，该系列号加 1。

网络层的数据帧由应用层下来的数据形成，网络层的命令帧由网络层自己产生。网络层命令帧的基本形式与数据帧相似，主要的差别在网络层净荷的格式上。网络层命令净荷的第一个字节是网络标识符，不同的取值意味着命令帧的类型不同。

0x01 表示命令帧为路由请求命令帧；0x02 表示命令帧为路由请求应答帧；0x03 表示命令帧为路由错误命令帧。

网络层的帧作为 MSDU 来到 MAC 层，开始了它的 IEEE 802.15.4 旅程。分两步，MAC 层的处理和 PHY 层的处理。MAC 层添加了 MHR 和 MFR 后形成 MPDU，MPDU 作为 PSDU 进入 PHY 层的处理过程。在 PHY 层中，加上 PHR（PFR 可选）成为 PPDU，再加上 SHR，就可以成为在空中传播的数据包了。

### 5.3.6 ZigBee 网络结构

#### 1. 设备类型

ZigBee 网络的基本成员称为设备。由于 ZigBee 技术是建立在 IEEE 802.15.4
基础上的低数据传输速率的无线个域网（WPAN），所以 ZigBee 网络也有 IEEE
802.15.4 上定义的设备类型，如协调器、终端设备；由于 ZigBee 技术支持网络
层功能，ZigBee 网络还有一个重要的设备类型——路由器节点。因此，ZigBee 网
络的设备按其功能可分为如图 5-45 所示的三种类型。

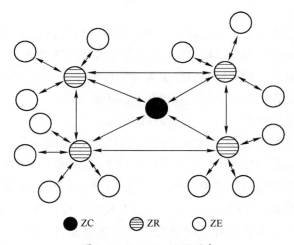

● ZC    ⊜ ZR    ○ ZE

图 5-45    ZigBee 网络设备

（1）ZigBee 网络协调器（ZC，ZigBee Coordinator）

ZigBee 网络协调器是整个 ZigBee 网络的指挥中心，是网络的"大脑"。

协调器的主要作用是建立网络、网络初始化、维持网络和管理网络。协调器
在完成设备启动和组织网络的过程中，需要协调各终端节点之间的通信关系。这
就需要协调器完成网络节点地址的分配、生成网络路由表，支撑动态地与网络路
由节点通信。

协调器的网络控制管理功能，依赖于协调器存储的关于网络的各种信息，包
括作为节点地址信息、路由表信息、认证信息、安全密钥信息等。

最重要的是，ZigBee 网络协调器可以作为物联网感知层和物联网网络层的桥
梁，起到转换感知层协议和网络通信层协议的网关作用。也就是说，ZigBee 协调
器把终端节点采集到的、由路由节点传来的数据（ZigBee 格式）转换后，通过

物联网的网络层传输给上位监控软件，协助完成监控的数据采集功能。

（2）ZigBee 路由器（ZR、ZigBee Router）

ZigBee 路由器是 ZigBee 网络数据包的交通枢纽，起到了上传下达的作用。

ZigBee 路由器掌握了从终端设备到网络中心 ZC 的沟通渠道。对下，收集民情，收集各个终端节点采集的数据；对上，整理汇报，将终端交过来的数据上传给协调器。

ZigBee 路由器主要负责发现终端设备到网络中心 ZC 之间的传输路径（路由发现）、把数据包传送给网络中心（消息传输），是新增终端设备加入网络的报到处（加入网络）。

ZigBee 路由器主要完成网络路由功能，管理每对节点的路由信息，将由终端节点采集来的数据通过 Mesh 网络接力传输发送给网络协调器 ZC。ZigBee 路由器可以连接其他路由器，起到扩展网络覆盖面的作用；多个路由器相连，还可在网络拥挤或者路由设备中断的时候，提供备份路由的作用。

（3）ZigBee 终端设备（ZE、ZigBee EndPoint）

ZigBee 终端设备是 ZigBee 网络中的情报收集员，负责采集一手信息。

终端设备在无线传感网中，也叫无线传感节点，相当于网络中的叶节点。终端设备必须被连接到协调器或者一个路由器，不能连接其他终端设备，不能执行任何路由操作。ZigBee 终端设备必须由三部分构成：传感器、无线通信模块、电源。ZigBee 终端设备主要负责数据采集或节点控制功能，通过 ZigBee 协调器或者 ZigBee 路由器接入网络中。其他节点不能通过终端设备加入网络中。

终端设备在无线传感网中，可以将采集测量的现场信号变换成数字信号，保存在寄存器内，然后将数据处理为 ZigBee 的数据包格式，通过 ZigBee 无线通信模块传到 ZR 或者 ZC 上。

**2. ZigBee 网络拓扑结构**

ZigBee 协调器一旦被激活，它开始组建自己的网络，这个网络有一个个域网网络号（PAN ID）。在组建网络的过程中，ZC 是发起设备，也是网络的组织者。

ZigBee 支持三种网络拓扑结构：星形、树形和网状形结构。ZigBee 与 802.15.4 类似，支持对等通信与星形配置。但在 802.15.4 规范的基础之上，ZigBee 添加了路由协议与层级网络寻址方案，在同一个网（具有相同 PAN ID）可实现群集树拓扑结构，也可支持多跳网状网络拓扑结构。

（1）星形网络的组建过程

ZC 首先启动，发起组建星形网络的过程。在星形拓扑结构中，所有的终端设备只和协调器之间进行通信。路由设备（ZR）和终端设备（ZE）可以选择一个网络（特定的 PAN ID 做标识）加入，如图 5-46 所示。每个终端设备节点（ZE）只能和协调器节点（ZC）进行直接通信。终端设备节点之间的数据路由只有协调器节点（ZC）这个唯一的路径，不能两两直接通信。协调器（ZC）是网络通信的关键点，但也有可能成为整个网络的瓶颈。不同的星形网络（PAN ID 不同）中的终端设备之间不能进行通信。

（2）树形网络的形成过程

由协调器（ZC）发起树形网络的组建，如图 5-47 所示。路由器（ZR）和终端设备（ZE）可以加入网络，由协调器为其分配 16 位短地址。一个设备想继续增加子树或者子节点，必须具有路由功能，没有路由功能的终端设备不能加子节点。

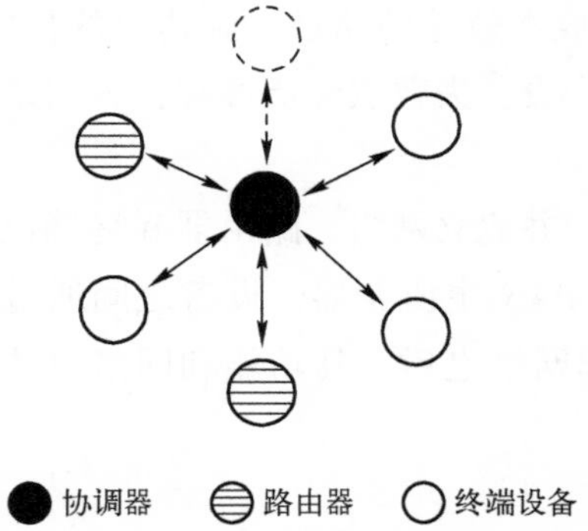


图 5-46　星形网的形成

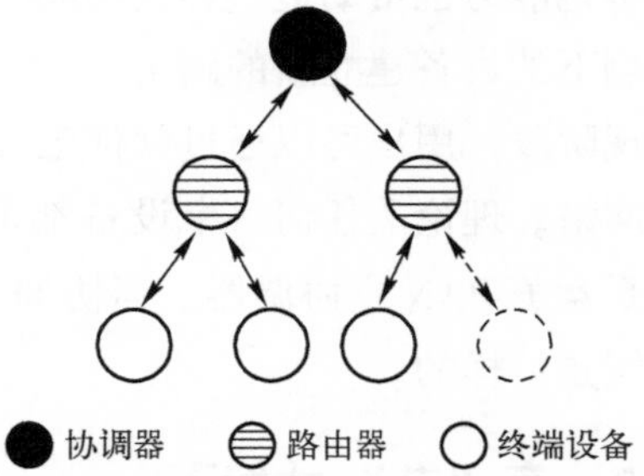


图 5-47　树形网的形成

树形网由一个协调器和多个星形结构连接而成。设备能与自己的父节点或子节点进行直接通信，如果想与其他节点通信，只能通过网络中的树形路由完成通信。所以树形结构的缺点是信息只有唯一的路由通道。

（3）网状网的形成过程

网状网是在树形网络的基础上实现的，如图 5-48 所示，具有更加灵活的信息路由规则。一个网状网包含一个单一的协调器，以及多个路由器和终端设备。与树形网不同的是，它允许网络中所有具有路由功能的节点互相通信，由路由器中的路由表完成路由查寻过程。每个路由器通常至少通过两个路径来连接，并且可以为它的邻居转发信息。而且一旦一条路由路径出现问题，信息可自动沿着其他路径传输。

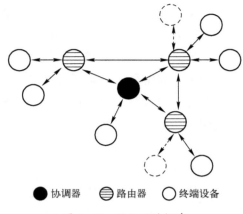

● 协调器　⊜ 路由器　○ 终端设备

图 5-48　网状网的组建

　　网状网拓扑结构支持"多跳"通信,这些数据通过跳跃从一个设备传到另一个设备,使用最可靠的通信联系和最符合成本效益的路径,到达它的目的地。这种多跳能力也帮助提供容错功能,如果一台设备失败或经历冲突,该网络可以使用剩下的设备建立新的路由。

　　现阶段,用户可以通过软件定义协调器,并建立网络,路由器和终端设备加入此网络。理论上任何一个设备都可定义为 PAN 主协调器,设备之间通过竞争的关系竞争 PAN 主协调器。当协调器建立起网络之后,其功能和网络中的路由器功能是一样的。

### 5.3.7　有"芯"才能赢

　　市场上有些射频收发"芯片"实际上只是一个符合物理层标准的芯片,还没有实现 ZigBee 协议,但它就敢宣称是 ZigBee "芯片"。

　　有些芯片公司在负责调制解调无线通信信号芯片的基础上,结合单片机(起到 CPU 的作用)进一步开发,开发了有数据处理功能的芯片。有些单芯片则做到了把射频部分和单片机部分集成在一起,但还没有包含 ZigBee 协议在里面。这就需要根据单片机的结构和寄存器的设置,参照物理层部分的 IEEE 802. 15. 4 协议和网络层部分的 ZigBee 协议,自己去开发所有的软件部分。

　　有的 ZigBee 公司则进一步,在自家芯片上实现了 ZigBee 的协议栈,但只是提供一种协议的功能,离具备真正的可应用性和可操作性,还差大量的开发和测试工作。

　　有些成熟的 ZigBee 模块,已经集成了射频、协议栈和应用程序,在硬件设

计上结构紧凑、集成度高、体积小。经过了厂家的优化设计、老化测试，已经有一定的质量保证，可以立即投入产品设计。

从普通开发设计人员的角度看，ZigBee 的协议非常复杂。那么在开发无线传感网应用的时候，究竟是要自己从头开发协议，还是选择 ZigBee 底层芯片，抑或选择已经带有 ZigBee 协议的、集成射频、协议和程序的"芯片"模组呢？

从节约成本和时间的角度，普通开发设计人员选择的无疑是集成度较高的 ZigBee 芯片或芯片模组。在未来 5 年，基于 ZigBee 的芯片模组的出货量将达 38 亿，占基于 IEEE 802.11.4 协议芯片整体出货量的 85% 以上。在智能家居无线传感网的芯片市场上，ZigBee 芯片模组也将占到 1/3 以上。在未来，普通开发设计人员要站在巨人的肩膀上进一步开发物联网的应用，才是制胜的法宝。正所谓，有"芯"才能赢。

**1. ZigBee 芯片、ZigBee 芯片模组的区别**

（1）集成的级别不同

ZigBee 模块包含 ZigBee 芯片，但还包括其他应用功能的实用化产品。如图 5-49 所示，图的整体是 ZigBee 模块，其中包含 ZigBee 芯片。ZigBee 模块与 ZigBee 芯片的产品级别是不一样的。

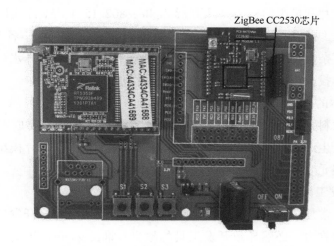

图 5-49　ZigBee 模块和 ZigBee 芯片之间的关系

（2）厂家数目不同

ZigBee 芯片厂家屈指可数，ZigBee 模块厂家数不胜数。

（3）技术能力

能做 ZigBee 芯片的厂家基本有实力做成模块，但是能做 ZigBee 模块的厂家不一定有实力开发芯片。

（4）实际应用

一般的无线传感网应用，由于 ZigBee 模块有针对应用的配套功能与配套程序，大多基于 ZigBee 模块来开发。由于开发工作量大、成本较高，从 ZigBee 芯片开始构建产品应用的相对较少。

**2. 芯片模块市场竞争焦点**

由于基于 ZigBee 技术的各种应用风生水起，市场规模持续增大，各种 ZigBee 芯片和模组的技术方案大量涌现，争奇斗艳。各投资资本大咖，各技术大拿，他们在争什么？

（1）微处理器使用的争夺

微处理器是芯片性能的核心，也是锁定利润的关键。各 ZigBee 芯片供应商无不竭尽全力推销基于自己的微处理器的硬件平台。飞思卡尔（FREESCAL）公司推销的是以 68 微处理器为核心的 MC1321X 单芯片系统。德州仪器（Texas Instrument，TI）推销的是自己的 CC2420+MSP430 系统。

（2）ZigBee 协议栈使用的争夺

ZigBee 芯片和模组的核心是几万行 ZigBee/802.15.4 C51 源代码。这些源代码和 ZigBee 无线单片机内核配合，完成数据包装收发、校验、各种网络拓扑、路由计算等复杂功能。这些源代码凝结了很多工程师的智慧和汗水，有很高的技术门槛和资本投入门槛，也是技术竞争实力的象征。

（3）成本的比拼

芯片的材料是硅片，材料成本极低。但 ZigBee 芯片的主要成本集中在开发和验证环节。生产和应用的数量大，才能降低成本。ZigBee 芯片模组的价格在未来要低于一美元。谁先做到，谁就领先芯片市场。

（4）开发工具（包括开发软件）的比拼

ZigBee 非常复杂，需要借助开发工具来进一步完成设计。开发工具需要投入大量的人力和物力，必然导致开发工具的昂贵。谁的 ZigBee 开发工具的功能丰富、价格便宜而且好用，谁就能争取到更多的市场。

**3. 主流芯片的介绍**

通过对 ZigBee 芯片销售网店的调查，德州仪器公司 CC2530 的用户购买量较大。如图 5-50 所示，CC2530 是 CC2430 的升级版本，有大量的公司提供基于这

个芯片的 ZigBee 模块。使用这些模块可以减少大量的硬件调试工作，较容易地实现所需的 ZigBee 无线传感网功能。

图 5-50　TI CC2530 芯片

　　CC2530 是 TI 公司推出的最新一代 ZigBee 标准芯片，微控制单元（Microcontroller Unit，MCU）采用传统且有广泛应用的、使用工业标准的增强 8051 控制器内核。CC2530 包括极好性能的一流 RF 收发器、8 kB RAM，可编程的 128 kB FLASH 存储器。CC2530 高频部分全部集成在芯片上，工作在 2.4 GHz，消耗功率低。CC2530 芯片可用于设计 ZigBee 无线网络节点，如：网络协调器、路由器、终端设备。

　　CC2530 芯片已广泛应用在家庭/建筑物自动化、照明系统、工业控制和监视系统、消费类电子应用领域和卫生保健系统等。

　　为了设计人员使用 ZigBee 协议更加容易，TI 公司推出的 ZigBee 网络处理器工具，将复杂的 ZigBee 网络协议栈组装成简单的用户接口命令。用户可以基于常用的单片机（微控制器）实现对 ZigBee 网络控制和管理的开发。

# 第 6 章　居间之力

庄子有言："物无非彼，物无非是。自彼则不见，自知则知之。故曰：彼出于是，是亦因彼。"世间万物无不存在与之相对应的另一面，也都存在自己本身的一面。从对应的那一面看自己，则看不清楚；从自身的角度来看就会认识自己。相对应的两个事物是相互并存的关系。

把物联网的网络层看作是一个透明的管道，那么物联网的传感层和应用平台层之间就是："彼出于是，是亦因彼。"的关系。那么二者"自彼则不见"，为了彼此更好的配合，屏蔽彼此在对方眼中的复杂性，怎么办呢？

可以请一个居间人，又称"经纪人（Broker）"来协调彼此的关系。居间人能起到的作用就是连接二者的关系，协助二者完成交易，帮助各自成就自我。

在物联网中，这个居间人就是物联网的中间件。物联网中间件的"居间之力"体现在很多地方。下面我们逐一介绍。

## 6.1　中间件是什么

小付（服务器的软件代称）正在犯愁，他不但要和其他兄弟部门（其他Server）打交道，还负责管理众多的终端（客户端代称）。虽然每个和他进行沟通的计算机都能较好地履行自己的职能，但由于需要干的活不一样，每个活需要配合的事情不一样，所有的工作都需要从头开始，工作量还是很大的，不能满足领导的进度要求。

"很多工作，你可以找代理机构（Agent）啊，不需要自己从头做的。只要把

要求给中间机构说清楚便可。"小钟（中间件代称）告诉他。

"我想让客户端访问我在服务器端运行的程序过程，找谁？"小付问。

"此事不难，你可以找远程过程调用中间件（Remote Procedure Call，RPC）代理！"小钟告诉他。

"我有很多结构化的数据保存在几个不同服务器的数据库里，我想让终端上运行的程序能够访问它们，怎么办？"小付问。

"你可以找数据访问中间件（Data Access Middleware，DAM）。它做数据库访问代理。"小钟说。

"我有很多消息给其他服务器发布，也有很多消息通知到终端，怎么办？"小付问。

"你可以找消息中间件（Message-Oriented Middleware，MOM）做这些事。"小钟说。

"想利用其他服务器上的计算资源，怎么办？"小付问。

"分布式计算环境（Distributed Computing Environment，DCE）管这些事。"小钟说。

"有些事交给其他服务器处理，怎么办？"小付问。

"让事务（交易）处理中间件（Transaction Processing Monitors，TPM）做。"小钟说。

"想使用其他服务器上的对象，找谁？"小付问。

"对象请求代理中间件（Object Request Broker，ORB）。"小钟说。小钟告诉小付："像这样的代理机构有很多，每个机构有很厚很厚的参考手册，用的时候慢慢查、慢慢问吧。总比自己从头做起强。"

## 6.1.1　中间件的定义

所谓中间件（Middleware），就是居间之件，肯定是负责在两个"大佬"中间沟通跑腿的要件。那么，那两个"大佬"是谁？

中间件首先是计算机软件工程里的概念，然后才有物联网系统里的定义。我们先看在计算机软件工程里，中间件是在哪两个大佬之间做经纪人的。一个"大佬"是硬件操作系统，另外一个是应用程序。也就是说，计算机软件里的中间件是位于硬件操作系统和应用之间的通用软件服务，是基础软件的一大类，属于可复用软件的范畴，如图6-1所示。

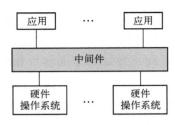

图 6-1　计算机软件里中间的位置

请注意，中间件是一类软件的总称，不是单独的一个软件。它是一类应用的公共通用的组件，但又和具体应用的业务逻辑无关；它是一种独立的系统软件或服务程序，但又和其他软件密切配合，上传下达、左右逢源。

中间件位于操作系统、网络和数据库之上，应用软件的下层是可植入的、可重用的程序组件。中间件的作用是为处于自己上层的应用软件提供运行与开发的环境，负责软件各部件之间的沟通管理，屏蔽硬件或系统软件的复杂性，以便用户可以灵活、高效地开发和集成复杂的应用软件。

有了中间件，程序开发人员可以面对一个简单而统一的开发环境，减少程序设计的复杂性，将自己的注意力集中在应用场景和业务逻辑上，不必再为自己的应用程序在不同系统软件上的可移植性而重复工作，这样可以缩短开发周期，减少系统的维护、运行和管理的工作量，降低系统软件的总投入。

中间件有很多定义，莫衷一是。但有些共同特点，却广为接受，如图 6-2所示。

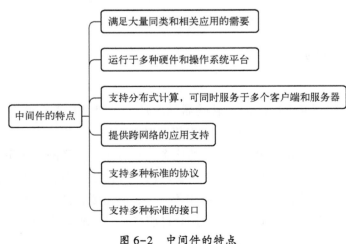

图 6-2　中间件的特点

（1）满足大量同类和相关应用的需要

中间件可为多种应用程序的合作互通、资源共享提供支持，同时为高层应用提供了稳定的运行环境。不管底层的计算机硬件和系统软件怎样更新换代，只要将中间件升级更新，并保持中间件对外的接口定义不变，应用软件就几乎不需要任何修改，从而保护了企业在应用软件开发和维护中的投资。

（2）运行于多种硬件和操作系统平台

中间件可运行在多台不同操作系统的机器上，支持不同操作系统通过网络进行交互。中间件的互操作性可应用于分布式计算机的体系架构中，为协调多平台、多操作系统提供软件服务。

（3）支持分布式计算，可同时服务于多个客户端和服务器

分布式应用的软件往往运行在多个服务器上，而且可由多个终端进行访问，比如 Web 访问、数据库访问。中间件同时在多个客户端和服务器之间协调工作、共享资源，简化了那些复杂的分布式应用程序。

举个例子，在分布式数据库应用中，数据库往往是很多个。不同服务器上的数据库可能按照数据规模来组织，也可能按照业务模块来分配。随着数据库数据量的增长，业务数据的属性经常变更。这个时候，如果想修改某个数据，不太可能直接访问数据库，就需要一个数据库访问的中间件，它不但负责对最终的数据库进行读写，也负责协调多个数据库之间事务的一致性。

（4）提供跨网络的应用支持

中间件可以运行在多个不同的网络环境中，实现应用各组件之间的互联互通。中间件可以为分布式应用软件提供网络通信功能。

（5）支持多种标准的协议

在网运行的终端和平台，使用的通信协议可能不同。但只要是标准协议，中间件都可以提供适配功能，实现协议间的互操作性和兼容性。

（6）支持多种标准的接口

不同系统相连，即使它们具有不同的接口，通过中间件仍可以相互交换信息。中间件可以协助系统适配多个不同的接口，实现信息传递。

## 6.1.2 通用中间件有哪些

在计算机 Client/Server（C/S、客户机/服务器）的软件架构中，中间件有很多。这些软件在构建物联网平台架构的时候也会用到。物联网用到的终端可作为 Client（客户机）角色，而平台作为 Server（服务器）角色。常用的作为基础的

中间件有远程过程调用中间件（Remote Procedure Call，RPC）、数据访问中间件（Data Access Middleware，DAM）、消息中间件（Message‒Oriented Middleware，MOM）、分布式计算环境（Distributed Computing Environment，DCE）、事务（交易）处理中间件（Transaction Processing Monitors，TPM）、对象请求代理中间件（Object Request Broker，ORB）等。

远程过程调用（RPC），很多网络上工作的计算机，无论是客户端还是服务器，都会运行这个中间件。举例来说，如图6-3所示，在Windows操作系统的控制面板查找"服务"里，可以看到RPC在运行。在RPC的属性里，可以看到Windows系统里有很多网络相关的组件依赖于RPC。

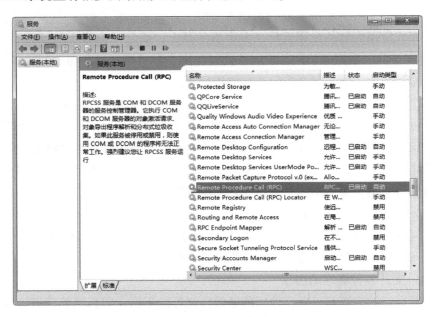

图6-3　Windows运行的RPC

远程过程调用是指远程执行一个在网络中不同位置的服务器上的程序过程。客户端使用RPC向服务器发送运行某程序过程的请求，从效果上看和执行本地调用相同，如图6-4所示。RPC是提供远程数据转换和通信服务的分布式应用程序处理方法，可以屏蔽不同的操作系统和网络协议。

如图6-5所示，数据库访问中间件（DAM）支持用户在终端上或在服务器上访问多个分布在网络上的不同操作系统或应用程序中的数据库。SQL就是这类中间件的一种。数据库中间件屏蔽了操作系统、网络协议、数据库类型的差异，

为应用程序提供多种数据访问机制。

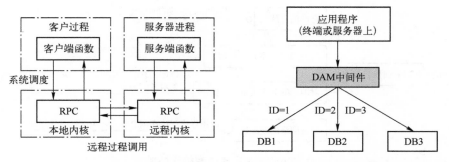

图 6-4  利用 RPC 远程过程调用    图 6-5  通过 DAM 中间件访问分布式数据库

　　消息中间件（MOM）是提供消息传递机制和消息排队模型，支持多硬件和软件平台、多通信协议、多语言、多进程间进行消息交换。消息中间件的工作独立于所在的平台，是多平台应用之间消息发布、消息通知的中介，如图 6-6 所示。

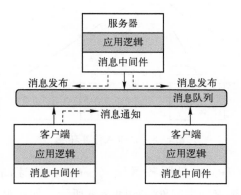

图 6-6  消息中间件

　　多个平台上的进程在传递消息的时候，只需要将消息放入消息队列或从消息队列中取出消息来便可。也就是说，进程间的消息传递不是直接的通信连接，而是要借助消息队列。因此，传递消息的进程不必同时处于运行态，即使进程在运行态，也可以不立即处理该消息。消息传递机制对进程的对应关系没有约束，可以是一对一的关系，还可以进行一对多和多对一方式，甚至是多种对应关系的组合。通过消息中间件，应用程序在传递消息时，无须关注网络的复杂性。维护消息队列、维护程序和消息队列之间的关系、消息在网络中的转发是消息中间件的任务，和应用程序无关。消息中间件的消息传递和排队机制有如图 6-7 所示的

特点。

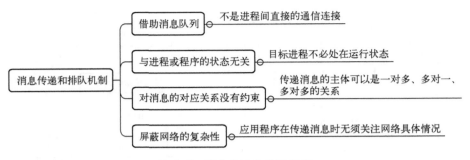

图 6-7    消息传递和排队机制

分布式计算环境（DCE）是指分布式应用程序可以协调不同平台上的计算资源，来完成特定的程序运行任务，如图 6-8 所示。

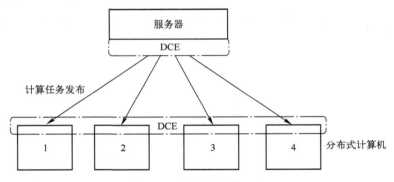

图 6-8    分布式计算环境

事务处理监控（TPM）是服务器端（Server）快速高效地响应众多终端（Client）的事务处理请求的中间件，如图 6-9 所示。如在火车站订票系统中，同一时间会有很多终端提出订票请求，这个订票请求涉及很多服务器端的动作，包括查询车次、选择车次、关联乘客、生成座位、引导支付等。大量终端的事务请求需要在几个服务器间进行协调和处理，请求处理失败后恢复到处理前的状态；同时几个服务器也需要负载均衡。这些都是 TPM 的事情。

对象请求代理（ORB）定义了分布式异构网客户端/服务器的环境下，建立对象之间关系，透明地发送对象请求和接收响应的中间件，是用户与其他分布式网络环境中的对象进行通信的接口，如图 6-10 所示。其实，客户端和服务器没有明显的物理界定，角色可互换或二者兼有。发起对象请求的，可以称之为客户端；响应对象请求的，可以称之为服务器。

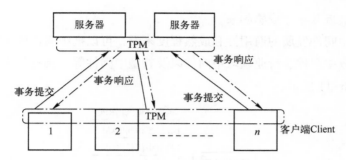

图 6-9　TPM 事务处理机制

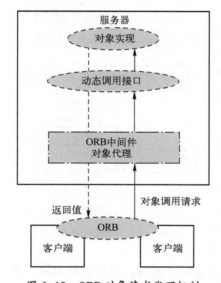

图 6-10　ORB 对象请求代理机制

客户端对象无须知道服务器对象的通信机制，甚至也不必知道服务器对象位于何处、是用何种语言实现的、用什么操作系统或其他不属于对象接口的系统成分。对象请求代理（ORB）中间全权代理这些对象请求，负责在服务器端找到可以实现请求的对象、传送参数、调用相应的方法、返回结果等。

## 6.1.3　中间件发展趋势

IBM 公司的 CICS 组件是最早具有中间件技术思想及功能的软件，但不适合分布式环境。严格意义上的中间件产品，是 1984 年在贝尔实验室（当时属于AT&T）开发的 Tuxedo，但很长一段时期里 Tuxedo 只是实验室产品。1995 年，BEA 公司成立后，收购了 Tuxedo，成为真正的中间件厂商。越来越多的中间件

产品也都是最近几年才成熟起来。

从目前中间件发展的通用性和成熟程度来看，可以把中间件的大类分为基础中间件、集成中间件、行业领域中间件以及新型中间件等。具有代表性的主要中间件，如图 6-11 所示。

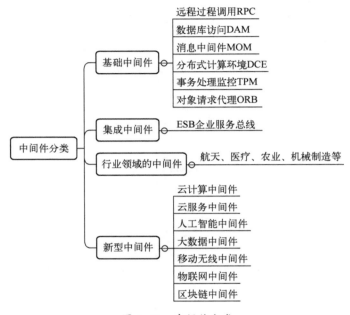

图 6-11 中间件分类

前面介绍的，都属于基础中间件，是目前最成熟、通用性最好的中间件；集成中间件主要是完成不同系统之间的整合，通用性略差；各行业相继加大信息化基础设备和应用系统的建设，将对中间件平台产生巨大需求。不过行业领域中间件只适用于某个行业，不同行业之间的通用性较差。

在工业控制领域，中间件必然促进物联网技术和自动化控制技术的聚合，使得上层应用同时提供监视和控制功能。随着 5G 的部署，人工智能、大数据、云计算等新技术的使用，必然催生大量代表未来发展趋势的新型中间件，如车联网的中间件，AR&VR 的中间件、无人机的中间件等。分布式交易和 5G 通信是区块链采用的核心技术之一，区块链中间件为各种行业使用区块链技术降低了门槛，提高了开发效率。

从根本上讲，中间件是为一类应用服务的。中间件的发展趋势必然要适应行业应用的新发展。电信、金融、交通、教育、医疗、电力、证券、保险、税务等

传统行业，随着云计算如火如荼的发展，逐渐向集中化、统一化、智能化的方向发展。中间件的发展要适应云计算规模的爆发性增长，适应更加复杂的互联互通场景，实现云计算条件下的巨大任务的分解合并能力，实现多场景代码的组装和适配能力。

# 6.2 感知层的经纪人

"物联网里也需要中间件么？"吴小白问道。

"你想啊。物联网比计算机网络更加复杂多样，当然也需要中间件了。不但需要已有计算机里的通用中间件，还有物联网里特有的中间件。"小钟老师告诉他。

"那物联网里有哪些中间件呢？"吴小白问道。

"我们前面讲过电子标签、RFID 射频识别，组成应用系统的时候，需要产品电子编码（Electronic Product Code，EPC）中间件。在无线传感网上开发应用，需要无线传感器网络（Wireless Sensor Network，WSN）中间件。在工业控制领域，需要用于过程控制的 OLE（OLE for process Control，OPC）中间件。在传感层有大量终端，和应用层有大量交互的时候，需要中间件。终端设备要有接入互联网的功能，通常会用到开放服务网关倡议（Open Services Gateway Initiative，OSGi）中间件。"小钟老师说道。

"物联网有这五个中间件，够用么？"吴小白问道。

"物联网可不止这五个中间件，多得很。只不过这五个在物联网里较为通用而已。各个行业还有自己专用的物联网中间件。随着物联网技术的发展和应用的普及，物联网中间件会越来越多的。"小钟老师说道。

## 6.2.1 什么是物联网中间件

物联网指的是将无处不在的终端设备（Devices）如传感器、移动终端、工业系统、楼控系统、家庭智能设施、视频监控系统等，以及贴上电子标签的各种资产（Assets），通过各种无线/有线的长距离/短距离的通信网络实现互联互通、应用集成。

不同行业、不同应用场景，对物联网中间件的需求也不同。随着智能物流、智能社区、智能交通、健康医疗、智能电网、智慧能源、智慧城市、军事领域等应用的发展，应用场景必然越来越多样化和复杂化，对中间件的多样性、适应

性、鲁棒性的需求也必然与日俱增。

物联网中间件系统位于感知层硬件设备和各种应用平台之间，如图 6-12 所示，作用是对感知设备采集的数据进行校对、滤除、集合，有效减少传输数据的冗余度、提高数据正确接收的可靠性，同时为应用平台层提供具体场景应用的基本软件服务。

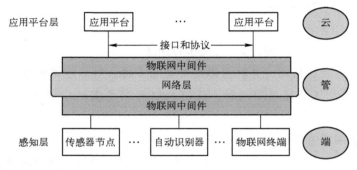

图 6-12 物联网中间件

那么，有人就会问，既然物联网中间件是处于应用平台层和感知层的媒介，它属于网络层么？不对的。网络层负责远距离传送感知层和应用平台层之间交互的数据，它的作用相当于一个管道，它不负责在感知层和应用平台层做适配工作，也不能为应用平台上的具体软件提供服务或组件。如同一个媒婆负责在男女之间说合婚配之事，乘坐的公交车往返于男女双方家庭，你不能说她等同于她的交通工具。中间件软件服务会分别运行在感知层和应用平台层上，负责二者的说合工作。网络只是中间件软件在感知层和应用平台层之间的交通工具而已。

在"端-管-云"的网络架构中，感知层属于"端"，网络层属于"管"（管道），应用平台层则运行在"云"侧。物联网中间件运行在"端"和"云"侧，利用网络管道为应用软件提供底层感知到的数据，协助感知层各项服务功能的互联互通，融合感知层局部区域的智能和应用平台层较大范围的智能，也为已有各种中间件提供互操作功能。

物联网中间件技术的发展，可以协助解决物联网复杂运行环境下远距离无线通信、大量检测数据互通、复杂物联网事件处理等物联网领域碰到的技术问题。

举例来说，在农场里，每个大棚或农作物种植区都会部署各种用途的传感器，用来采集农作物生长环境的各种数据，如温度传感器、湿度传感器、光照传感器、土壤水分传感器等。这些传感器采集到的数据可以用来决定是否需要采取

相应的措施。各种传感器不是只布置在一个点上，而是大范围分布在种植区域，单独一个点的数据或单独一个维度的数据不足以做出相应的决定。长时间、大范围的监测数据直接到平台层进行处理，显然对应用软件要求太高，而且底层采集点的变化，导致应用软件层的数据也会变化。

于是，可以把长时间、大范围的监测数据通过无线网络（如 ZigBee）等传给一个装有农业物联网中间件的汇聚节点上，进行过滤、分组、关联、聚合等操作，形成应用软件所需的有效信息后，再通过 5G 网络传给应用平台层。另外，农业工作者可以在上层系统中，给各个参数设定安全阈值。当中间件采集过来的数据超过或者低于一定阈值时，系统会自动报警，并采取相应的措施，如自动启动或关闭相应水阀，自动启动或关闭农药喷洒、自动启动或关闭温室阳光。

这种物联网中间件主要将采集到的海量原始感知层数据提炼为对农业应用有效的信息，并完成与上层应用接口之间的信息交换，便于物联网应用对前端感知层传感节点、终端设备、自动识别器件进行管理。上层应用可以基于物联网农业的中间件进行复杂感知层设备的可视化配置和监控管理，支持感知层设备的动态变化，也可以对感知层信息进行实时观测和分析，有效合理地完成农业生产过程的操作。

从本质上看，物联网中间件能够屏蔽感知层硬件、终端操作系统和网络协议的差异，满足不同领域、多种应用在感知、互联互通、人工智能、自动控制等方面的共性需求，为平台层提供了一个相对稳定的高层应用环境。然而，从实际落地的情况看，物联网中间件目前的使用离理论上所应遵循的一些原则还有很大距离。

目前，物联网中间件的发展还处于初级阶段，还不能成为解决感知层和应用平台层适配问题的"万能药"。目前阶段，物联网中间件主要还停留在屏蔽底层感知复杂性和互联互通复杂性方面。在远距离无线通信、大规模部署、海量数据融合、复杂事件处理、综合运维管理等复杂多变的应用环境中，物联网中间件发挥作用还须克服很多障碍。此外，不同厂家的物联网中间件通用性较差，限制了异构系统之间的应用移植，物联网的应用开发者在这些中间件之上，构建自己的软件系统还要承担相当大的风险。

本节介绍在实际应用中，较为成熟的物联网中间件，如图 6-13 所示。

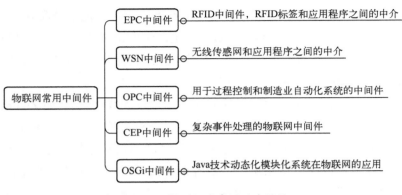

图 6-13　物联网中常用的中间件

## 6.2.2　EPC 中间件

EPCGlobal 这个组织主要负责研究全球统一标准的射频标识（RFID）编码及其应用开发。在全球范围内对各个行业建立和维护电子产品编码（Electronic Product Code，EPC）网络，保证供应链各环节信息的自动、实时。目前 RFID 的应用范围遍及制造、物流、医疗、运输、零售、国防等各个行业。RFID 成功应用的因素之一就是有比较成熟的 EPC 中间件。EPC 中间件，也可叫作 RFID 中间件，是电子产品标签和应用程序之间信息交换的枢纽，它加速了基于 RFID 的关键应用的问世。

市面可以看到各式各样的 RFID 应用，那么，"现有的系统如何与这些新的 RFID 阅读器连接？"这个问题的本质是企业应用与硬件接口兼容性的问题。不同应用程序之间能够正确理解 RFID 读取的数据，RFID 阅读器正确抓取数据之后能有效地将数据传送到应用系统，这就是 EPC 中间件的关键作用所在，如图 6-14 所示。

EPC 中间件扮演了从应用程序到 RFID 读写器之间的中介角色。EPC 中间件提供了一组通用的应用程序接口（API），使用这些接口即可连到 RFID 读写器，读取 RFID 标签数据。使用了 EPC 中间件，即使存储 RFID 标签数据的数据库软件变化了，RFID 读写器的种类增加了，应用程序也不需要修改，省去了多对多连接时的维护复杂性问

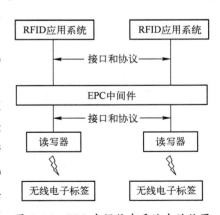

图 6-14　EPC 中间件在系统中的位置

题，如图 6-15 所示。

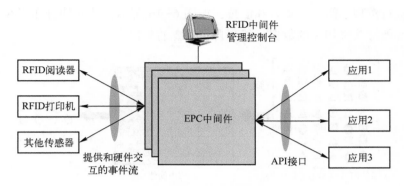

图 6-15　RFID 中间件框架图

举例来说，在一个物流库房里，有大量贴有 RFID 标签的各种物品。针对管理范围内的每个标签，每时每刻 RFID 阅读器会读取很多数据，上报很多事件。而每个高层应用对数据的需求是不同的。

库房管理应用更关注库房里剩余的物品，有哪些物品还需要补充，还有哪些剩余空间。这些数据不需要每时每刻统计，假若只需要 1 小时统计一次；物流跟踪应用关心的是单个物品出库入库的情况，这样的数据基于事件触发上报一次便可；物流公司可能服务多个公司，每个公司只关心自己货物的情况，这样的数据只须每分钟汇报一次便可。

这样 RFID 阅读器读取的数据和产生的事件多数都是冗余的。不同应用虽有不同的数据需求，但这些数据需求也有大量的基础数据相同。每个应用之间的数据格式不同，彼此很难共享数据。如果每个应用都去处理这些冗余数据，开发工作量太大。这就需要 EPC 中间件来承担这些工作。

总之，EPC 中间件有如下功能。

（1）RFID 基础设施管理

典型的企业级应用需要管理成百上千的、不同厂家的 RFID 阅读器，RFID 中间件可对其进行配置管理，实时监控阅读器的状态。

（2）数据流（Data Flow）的管理

RFID 阅读器产生的数据相对于系统来说处于边缘的位置，存在大量的冗余、异常，甚至是错误。为了让有价值的数据进入应用平台，就需要 EPC 中间件对各种应用的共性数据进行整理，去除阅读器产生的冗余数据、屏蔽各种错误与异常，只上传应用平台关心的数据。

RFID 中间件的功能就是负责管理在阅读器和不同应用软件之间的数据流，对数据进行清理、筛选、整合和汇总，如图 6-16 所示，从而使分布在全球的应用系统都能够共享相关的数据，得到自己想要的数据。

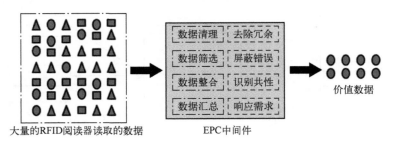

图 6-16　EPC 中间件提取有价值的数据

（3）事件流（Event Flow）的处理

每个 RFID 阅读器都会产生大量的简单事件：数据读出、配置写入等。这样大量的事件不经过关联分析，是不可能产生价值的。EPC 中间件可以把简单事件进行层层抽象，转化为有价值的事件，如图 6-17 所示。对事件进行不同维度的处理，比如从时间维度去分析或者从空间维度去分析，可以产生产品入库事件、产品出库事件、产品信息异常事件等。

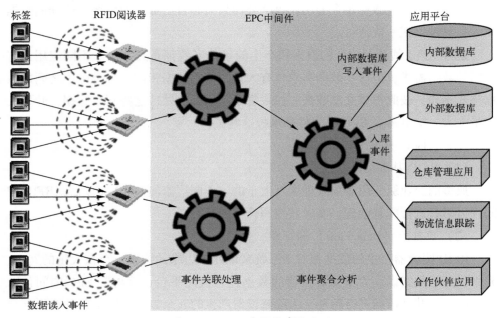

图 6-17　EPC 中间件事件处理

目前比较知名的 EPC 中间件厂商有：IBM、Oracle、Microsoft、SAP、Sun
（Oracle）、Sybase、BEA（Oracle）。它们的 EPC 中间件产品部分或全部遵照
EPCGlobal 规范实现，在稳定性、先进性、海量数据的处理能力方面都比较
完善。

## 6.2.3　WSN 中间件

无线传感器网络（Wireless Sensor Network，WSN）不同于互联网，能量有
限、数据传送的通信带宽不大、芯片处理速度慢、存储空间小，但却面临着网络
拓扑动态变化，传感器节点多且杂，可能来自不同厂家。在这种动态、复杂的分
布式传感节点组成的网络上开发应用程序面临着相当大的挑战。

WSN 中间件的提出就是为了简化无线传感网的应用开发、维护、部署和执
行。如图 6-18 所示，WSN 中间件可以协调无线传感网内不同厂家传感节点之间
的通信以及节点间的任务分配和调度；WSN 中间件可以进行网络拓扑动态变化
的管理，完成网络路由协议的重新配置；WSN 中间件向高层应用开发屏蔽了无
线传感网的实现细节，却可以提供来源于多个传感节点、多个维度数据的融合管
理，完成复杂、高级的感知合成；上层应用可以通过 WSN 中间件完成对无线传
感网的配置和安全管理，无须考虑不同厂家传感网硬件细节的不同。

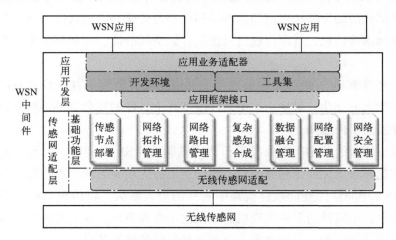

图 6-18　WSN 中间件架构

无线传感网应用开发人员利用 WSN 中间件，摆脱了对传感器底层问题的关
注，摆脱了单节点开发的烦琐。开发人员使用的是 WSN 中间件的应用业务适
配器提供的 API 接口。通过应用程序接口，可以调用 WSN 中间件提供的应用

开发环境和工具集。不同的 WSN 中间件支撑的开发环境的机制是不同的，有分布式数据库、虚拟共享存储模型、事件驱动、服务发现与调用、移动代理等，如图 6-19 所示。

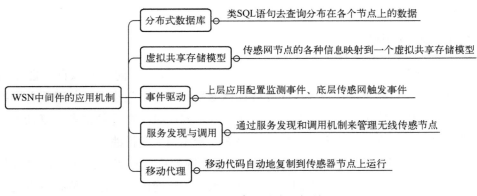

图 6-19　WSN 中间的应用机制

上层应用利用 WSN 中间件，可以把整个 WSN 看成一个分布式数据库，用户使用类 SQL（结构化查询语句）去查询分布在各个节点上的数据。节点判定感知数据满足查询条件，就给 WSN 中间件反馈查询结果。

有些 WSN 中间件把分布式传感网节点的各种信息映射到一个虚拟共享存储模型。虽然底层的无线传感网的组网结构在动态变化，应用软件不需要知道节点的位置或标志等信息，就可以通过对虚拟存储空间的读、写和移动来管理无线传感网。

基于事件驱动的 WSN 中间件支持上层应用配置监测事件，只要底层传感网发生某种状态的变化，触发了某个事件或某几个事件的复合事件，就立即向上层应用程序发送事件通知。

上层应用可通过基于服务发现和调用机制的 WSN 中间件，来查询能满足应用软件数据需求的无线传感器节点。比如，上层应用要查询电能快耗尽的传感器节点。WSN 中间件的查询条件就是中间件的输入参数，将传感器的状态设置为电能快耗尽；中间件的服务发现机制根据这个查询条件，在无线传感器网络中的任意节点上进行匹配，寻找状态为电能快耗尽的传感器节点。

因此，通过服务发现机制，WSN 中间件可以为上层应用软件提供虚拟传感器节点和虚拟传感网功能，使上层应用软件可以直观地呈现一个实时变化的无线传感网景象。

基于移动代理机制的中间件可以将移动代码自动地复制到传感器节点上运

行，就如同上层应用派驻在传感器节点上的间谍，它可以收集本传感器节点的数据，并与上层应用进行通信。这类中间件的基本思路就是通过自动注入传感器节点上的移动控制脚本（一段代码作为代理），使得节点可编程，应用软件通过这个代理操作节点从节点上获取数据。

## 6.2.4 OPC 中间件

用于过程控制的 OLE（OLE for Process Control，OPC）是一个面向开放工控系统的工业标准。微软的 OLE（Object Linking and Embedding，对象连接与嵌入，现在叫 Active X）不仅提供了面向对象的、可重复使用的软件组件，而且提供了对象间进行信息传输和共享的连接机制。有这种连接机制的可重用软件组件称为组件对象模型（Component Object Model，COM）。在 OLE、COM 和 DCOM（分布式 COM）的基础上，OPC 定义了一整套接口、属性和方法，用于制造业的过程控制和自动化系统。

管理 OPC 标准的国际组织叫作 OPC 基金会，这个基金会的成员包括世界上占领先地位的自动化控制系统、仪器仪表及过程控制系统的公司，已成为工业界系统互联的默认方案。

在工业自动化领域，往往需要一套整合的工业监测和控制信息系统。将感知层的各个传感器节点采集的现场信息送到中层的控制系统中，再由上层的应用软件将这些信息整合形成信息系统，以供企业提升效能。但在 OPC 中间件诞生以前，硬件的驱动器和与其连接的上层应用程序之间的接口，并没有统一的标准。

例如，在工厂自动化领域，如电力、冶金、石油、化工、燃气、铁路等，有 SCADA（Supervisory Control And Data Acquisition，数据采集与监视控制）系统、DCS（Distributed Control System，分布式控制系统）和 PLC（Programmable Logic Controller，可编程逻辑控制器）等。当希望把这些系统中的过程数据传送到监控信息系统时，必须按照各个厂商的各个系统开发特定的接口，需要花费大量时间去开发互联互通的设备接口。

OPC 的出现为自动化领域的硬件制造商与软件开发商提供了一个桥梁，如图 6-20 所示，通过 OPC 中间件的标准化接口，软件开发者不必考虑各项不同自动化系统或现场传感器节点间的硬件差异，即可从硬件端取得所需的信息。这样，工业控制系统的软件开发者仅需专注于程序本身的控制流程便可，数据交换更加简单化，过程控制的软件组件更加灵活。

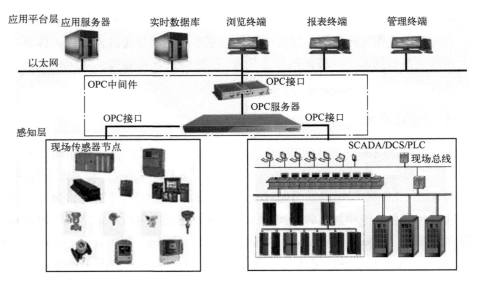

图 6-20　OPC 中间件统一架构

　　OPC 中间件的数据源可以是已有自动化系统 SCADA、PLC、DCS，还可以是工业现场的各种传感器节点。

　　不同的控制系统，OPC 中间件的组网架构可以不同。有的 OPC 中间件专门设置一个分布在远端的服务器（Server），有的 OPC 中间件则和上层应用系统合二为一。

## 6.2.5　CEP 中间件

　　在实际的物联网应用中，需要对海量传感器数据或事件进行实时处理。当传感器节点产生的数据规模足够大时，将导致整个物联网系统响应迟缓，甚至崩溃。于是，人们一直在研究开发解决物联网的海量数据和实时事件处理问题的中间件。

　　采用事件驱动架构（Event-Driven Architecture，EDA）能针对海量传感器事件，在很短的时间内立即做出反应。事件驱动架构不仅可以由事件的发送端决定处理流程，还可以根据事件内容和性质智能地决定后续流程。

　　复杂事件处理（Complex Event Progressing，CEP）中间件是 EDA 架构的实现工具，它是一种基于事件流的技术。CEP 的功能是从发送端获取大量感知层事件，分析事件之间的成员关系、时间关系和因果关系，经过推理判断之后，利用规则引擎和查询语言技术来处理信息，建立事件的关系库，最终给出工业流程或

商业流程的处理结果。

事件驱动架构的核心技术就是消息机制和发布订阅机制。消息机制实现应用系统里各模块的解耦，可以实现消息持久化保存；发布订阅机制实现事件发布者和接收者完全解耦，如图 6-21 所示，发布者不用关心哪些人需要这个事件，也不用关心所有订阅者是否都收到，只需要将信息发布到 CEP 消息中间件即可。

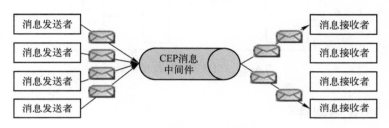

图 6-21　消息机制和发布订阅机制

在很多情况下，一个单一的数据不能说明问题，一个单一的事件也往往并不会触发用户的行为。实际触发用户行为的往往都是随着时间流淌着的多维数据流，是在不同时间、不同的上下文条件下形成的一个复杂组合事件。

复杂事件对最终用户来说，也许并不复杂，甚至是简单明了、价值清晰。为了看清一个完整的业务目标，需要有一个完整的、实时驱动的事件链。因此，复杂事件的处理不再是简单的数据库技术能够解决的问题，需要在方法论上进行突破。

复杂事件处理本质上是基于数据流、事件流的处理机制。明确了什么是需要的复杂事件后，则需要关心如何识别事件。

事件的识别需要建立规则库或者模式库。CEP 中间件负责在数据流、事件流中识别符合某种特征、匹配某种规则的事件，进而触发对应的后续动作。CEP 中间件既应该能够基于事件中的某个字段进行筛选过滤，也可以对流式数据进行关联、聚合，还可以进行复杂状态模式的匹配。复杂事件处理（CEP）中间件的作用就是基于规则引擎的事件链处理，如图 6-22 所示。

CEP 中间件在需要海量事件处理的领域有广泛应用，如工业自动化企业的设备监控、电信和移动等运营商的设备运维，以及金融保险等企业的客户服务等。

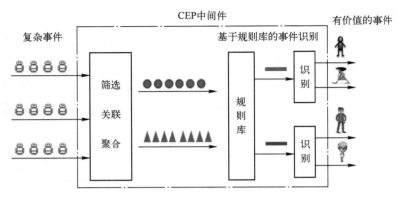

图 6-22   CEP 中间件处理机制

## 6.2.6   OSGi 中间件

很多终端设备都有接入互联网的功能。但是由于终端类型千差万别，为每个终端设备都开发一个支持互联网连接的模块，工作量重复，质量也难以保证。如果能够把开发中常遇到的需求的共性抽象出来，把它们做成统一规范的标准件，不管什么类型的终端设备，都可以通过预定义好的协议和接口来使用这些标准件，那么终端设备接入互联网的功能开发起来就容易很多。在一个终端设备中开发有上网功能的模块，只需要根据需求从标准件中选择合适的模块，然后再添加少量的起连接作用的代码便可。

无论哪个公司生产的显示器、键盘、鼠标、内存和 CPU 等计算机硬件，都遵循统一规范的接口，标准化程度相当高，便于大规模工业化生产。可软件业的标准化、工业化程度还远不如硬件成熟。虽如此，软件的标准化、工业化仍是一个非常明确的发展趋势。软件实现标准化的第一步就是要制定不同模块的功能标准，模块间的接口标准以及交互方式。

开放服务网关倡议（Open Services Gateway Initiative，OSGi）是一个 1999 年成立的开放标准联盟，旨在建立一个基于 Java 技术的、可为设备提供网络服务的、动态化模块化的、开放的标准规范。OSGi 还致力于为各种嵌入式终端设备提供通用的软件运行平台，以屏蔽设备操作系统与硬件的区别。

OSGi 标准规范是面向应用组件（Bundle）的标准运行环境，如图 6-23 所示。OSGi 允许不同终端设备上的应用组件共享同一个 Java 虚拟机，可以协助管理应用组件的生命周期，如动态类加载、卸载、更新、启动、停止等；OSGi 还提供 Java 安装更新包、安全策略包、各种服务包，还提供服务注册机制、组件动

态协作机制、事件通知机制、策略更新管理机制、应用间依赖关系管理机制等。

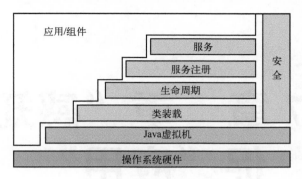

图 6-23    OSGi 中间件架构

OSGi 已经有很多成熟的公共功能标准组件，如 HTTP 服务器、配置、日志、安全、用户管理、XML。OSGi 组件可以在无须网络设备重启的情况下，被设备动态加载或移除，以满足不同应用的不同需求。

OSGi 规范由数十个子规范组成，包含了上千个不同用途的 API 接口。在手机和物联网的智能终端上，基于 OSGi 的物联网中间件早已被广泛地使用。在智慧城市、车联网、工业自动化、智慧能源、智能楼宇、云计算、各种机顶盒等场景，OSGi 标准为多种嵌入式终端（Java、Java2）提供软件运行平台。OSGi 适配的场景庞杂，有成为"万能中间件"的趋势。但作为一种系统架构的工具和方法论，随着物联网在各种垂直行业应用的普及，OSGi 动态化、模块化之路还很漫长，需要解决的问题也会很多。

# 第7章 重"感知"、促"应用"

庄子有言："天下莫大于秋毫之末，而泰山为小。莫寿于殇子，而彭祖为夭。天地与我并生，而万物与我为一。"庄子描绘了一个超越了事物时空界限的万物统一的世界。

这样的世界，在未来的物联网世界里可以得到诠释。人们在家中可以实时俯瞰泰山的全貌，也可以远程操作月球表面的探测车；人们可以进入细菌的内部，细致地观察它从产生到消失的过程，也可以用很短的时间体验中华历史上下五千年的关键时刻。这是一个超越时空限制的"万物与我为一"的世界。

## 7.1 5G+ABC

"5G 和物联网究竟是什么关系？"吴小白问道。

"5G 支撑物联网、使能物联网，但 5G 仍然是无线通信网。"武先生说道。

"我总听人把 5G 和物联网放在一起说！"吴小白说道。

"是的。把 5G 比作高速公路的话，物联网的终端就是上面跑的汽车。在低水平的公路上，汽车跑不快，而且开车的感觉不好。而在等级比较高的公路上，开车的体验就会提升，而且速度可以更快，可以行驶更好的汽车。"武先生道。

"我听说，有人把 5G 比作管道？"吴小白问道。

"是的。5G 就是数据流的管道，终端通过这个管道和云端进行数据交换。所以说这个管道越好，支撑的数据流就越大。5G 应该属于物联网中的网络层的概念。"武先生道。

"人工智能、大数据和云这些技术也经常在物联网中被提及。不知道它们的作用是什么？"吴小白问道。

"你说的这些技术在物联网的平台层和应用层常常用到。有了这些技术，物联网的应用就会插上翅膀。物联网就可以拥有'包藏宇宙之机，吞吐天地之志'了。"

荀子曾有言："登高而招，臂非加长也，而见者远；顺风而呼，声非加疾也，而闻者彰。假舆马者，非利足也，而致千里；假舟楫者，非能水也，而绝江河。"

很多物联网的应用，需要通过大量的传感器节点或射频识别技术实现感知数据的采集，通过无线传感网完成采集到数据一定程度的汇聚。物联网感知层中的传感器技术、射频识别技术、无线传感网技术，较十几年或几十年前的水平是有一些进步，但其发展进步的速度远不如物联网网络层的移动通信技术（如5G）、互联网技术快，技术概念也不如物联网平台层的人工智能（AI）、大数据（Big Data）、云计算（Cloud Computing）新。如果物联网仅仅停留在感知能力这个层面，应用的局限性就比较大，离万众向往的"万物互联""智慧地球"还有很远的路要走。

如果让物联网的感知能力能够"登高而招""顺风而呼"，就需要搭上"5G+ABC"（第五代移动通信+人工智能+大数据+云计算）的快车。感知层虽采集了大量数据，但是只完成了初步的、小范围的数据传输、提取和处理，这些数据要想能够"致千里"，物联网就需要成为一个"假舆马者"（通过5G），这样数据就可以完成远距离传输，实现"天涯咫尺"；海量的感知层数据汇聚到中央平台，要想支撑有价值、有意义、新颖独特的应用，物联网就需要成为数据海洋的"假舟楫者"（通过ABC），利用人工智能、大数据、云计算这些超级"巨轮"完成数据的综合分析处理，支撑应用呈现。

5G作为移动通信技术的主要发展方向，为用户提供光纤般的接入速率，"零"时延的操作感知，千亿设备的连接能力，将拉近万物的距离，为用户带来身临其境的信息盛宴。"人工智能+大数据+云计算"帮助用户突破海量数据的时空限制，为用户提供多场景、多应用而且智能、智慧的交互体验，最终实现"信息随心至，万物触手及"的总体愿景。

"5G+ABC"必将开启物联网的新征程，并渗透到未来社会的各个领域，以用户为中心构建全方位的信息生态系统。

### 7.1.1 挟"5G"以重"感知"

#### 1. 5G 的三大应用场景

从互联网思维的角度，我们定义什么是 5G。互联网思维就是面向用户和场景来说明一个事物。5G 时代，我们定义了如图 7-1 所示的三大应用场景。

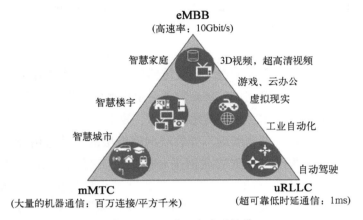

图 7-1 5G 的三大应用场景

（1）增强移动宽带（Enhanced Mobile BroadBand，eMBB）场景

这种场景针对的是大流量移动宽带业务，如高清视频业务。

这个场景延续了 3G、4G 以人为中心的应用场景。近几年，以手机视频业务为主的用户数据业务流量将持续增长。在 5G 的支持下，用户可以轻松享受在线 2K/4K 视频以及 VR/AR 视频，用户数据业务流量还将爆发式增长。在 5G 时代，用户体验速率可提升至 1 Gbit/s，峰值速度甚至达到 10 Gbit/s，这就能极大地释放远程智能视觉系统的需求；而在 4G 时代，用户体验速率仅为 5G 的 1%，无法随时随地地使用智能视觉系统。

（2）高可靠低时延连接（Ultra - Reliable Low Latency Communications，uRLLC）场景

这种场景针对的是对时延和可靠连接要求比较严格的场景，如车联网、工业控制、远程医疗、无人驾驶等特殊应用场景。

在此场景下，连接时延要达到 1ms 级别。对最终用户来说，则操作体验能达到零时延，对很多远程应用来说，有很强的即视感和现场感。在此场景下，还要支持高速移动（500 km/h）情况下的高可靠性（99.999%）连接，适应非常复杂

环境下的物联网应用。

（3）海量机器类通信（Massive Machine-Type Communications，mMTC）场景

这种场景针对大规模物联网业务，如智慧城市、智能家居、环境监测等场景。

这类业务场景对数据速率的要求较低，且对时延不敏感，但对连接能力要求比较高。每平方千米的物联网连接数将突破百万，连接需求将覆盖生活中的方方面面。5G 的海量连接能力将促进各垂直行业的物联网应用快速发展。

总之，5G 给我们带来的是超越光纤的传输速度（Mobile Beyond Giga）、超越工业总线的实时能力（Real-Time World）以及全空间的连接（All-Online Everywhere）。

5G 技术之所以具备以上超能力，主要来源于 5G 采用的新无线技术和网络技术，如图 7-2 所示。在无线技术领域采用大规模天线阵列、超密集组网、新型多址和全频谱接入等关键技术；在网络技术领域，基于软件定义网络（Software Defined Network，SDN）、网络功能虚拟化（Network Function Virtualization，NFV）、边缘计算、网络切片等技术的新型网络架构已经得到应用。

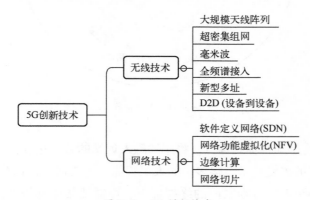

图 7-2　5G 创新技术

### 2. 近在咫尺、远在天涯的感知

5G 支持物联网大连接场景，将会支持传感器近距离的无线组网。即，5G 将应用于物联网感知层的短距离通信中，具有传统无线传感网协议（如 IEEE 802.15.4 和 ZigBee 协议）功耗低、动态自组织网络的主要特点。从某种意义上讲，5G 协议将是传统无线传感网协议的升级版，不但兼容以往无线传感网协议，而且可以开启物联网感知层近距离通信的新时代。

对于近在咫尺的物联网终端之间的通信，终端节点不需要把每一个数据包都

经过 5G 基站进行转发，而是可直接和对等的终端节点之间发送和接收数据，并且具有自动路由、动态组网等功能。5G 基站仅仅在终端节点建立通信之前进行沟通协调和资源调度，在终端节点间正常通信时，并不参与其中。这就是 5G 的 D2D 关键技术，即 Device-to-Device，也称之为终端直通。D2D 通信技术有减轻基站负担，降低终端节点间的通信时延，提高频率利用效率等优势，如图 7-3 所示。

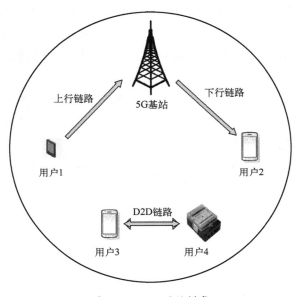

图 7-3　D2D 通信模式

5G 还可以将感知延伸到远方，将感知融入远端的数字化进程中。

数字化进程的关键技术有很多，如人工智能、大数据、云计算等。这些数字化进程的能力不可能靠近物联网的终端部署，而需要集中部署在远端。5G 网络可以把近端的物联网感知层设备和远端的数字化进程联系在一起。5G 技术的超能力势必解放感知层的感知能力。高速公路建成了，在以前的公路条件下无法发挥自己性能的跑车现在可以上路了。5G 就是无线网络里的高速公路。现在，很多以前无法使用的感知层技术可以闪亮登场了。

**3. 5G 场景化应用**

5G 有三大应用场景：大容量、低时延、海量物联。每个应用场景在不同的行业背景下，会产生不同的应用，如图 7-4 所示。

5G 促使高清视频体验的提升。人因工程学的研究表明，从人眼可视角度、

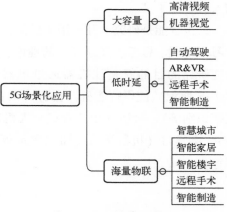

手臂长度、舒适性来看，手持移动设备最大视频显示极限是 5K 分辨率，那么只需要 20 Mbit/s+ 的流量。但在 5G 条件下，未来的视频显示终端将会有更大的发展动力。居民客厅的电视屏幕将越来越大，越来越高清，将支撑 8K 以上分辨率的片源。在 5G 条件下，视频业务还有另一个很大的变化：即观看者不仅是人，还有机器。如人工智能机器视觉在云端的应用，使得无人机可以实时识别车牌、油气泄漏。无线工业相机实时识别位置、产品检错。机器看视频，7×24 h 不停歇。

图 7-4　5G 场景化应用

　　5G 还将促使远程低时延应用的大量出现，促使远程监视类传感器和控制类设备的大量出现。假设在自动驾驶场景下，一辆以 120 km/s 的速度行驶的汽车要刹车，如果在 4G 通信时延下（50 ms 的时延），汽车至少要多行驶 1 m，这个距离足以导致事故的发生；但是换在 5G 通信条件下，汽车仅多行驶了几厘米。目前汽车上的传感器已经不能适应自动驾驶场景下传感器功能和性能上的需求，5G 技术客观上倒逼着汽车感知技术的全面革新。

　　5G 海量物联能力必将促进各行业的不断创新：如 ICT、媒体、金融、保险、零售、汽车、油气化工、健康、矿业、农业等领域。这些领域感知层能力在以前的通信条件下，没有得到充足的发展。在 5G 时代，由于单位面积支撑的可靠连接数极大，势必促进传感器技术和各行各业的垂直整合，向更加智能、更加智慧的方向发展，如智慧城市、智能家居、智能楼宇等。

## 7.1.2　奉"ABC"以促"应用"

　　（1）A：人工智能（Artificial Intelligence，AI）

　　一提到人工智能，人们就想到了科幻小说和科幻电影。这使得人工智能听起来像是一个未来的神秘存在，大多数人忽略了它已经是身边的现实。

　　人工智能是个很宽泛的概念。从手机上的计算器到无人驾驶汽车，到未来物联网中可改变世界的重大应用，都有人工智能的影子。

　　早在 20 世纪 50 年代，被誉为人工智能之父的美国人 John McCarthy 就使用了人工智能这个词。他说过，"一旦一样东西用人工智能实现了，人们就不再叫

它人工智能了。"

人工智能是研究、开发用于模拟、延伸和扩展人类思维过程和智能行为（如学习、推理、思考、规划等）的理论、方法、技术和应用科学。也就是说，人工智能研究的目的就是让机器通过机器学习，模拟人的思维和行为来做事（如图 7-5 所示）使得智能机器会听（语音识别、机器翻译等）、会看（图像识别、文字识别等）、会说（语音合成、人机对话等）、会思考（人机对弈、定理证明等）、会学习（机器学习、知识表示等）、会行动（机器人、自动驾驶汽车等）等等。

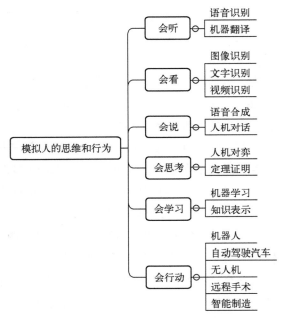

图 7-5　人工智能的含义

从狭义讲，人工智能是计算机科学的一个分支；从广义讲，人工智能涉及的学科很广，包括计算机科学、数学、机器人学、智能识别、自动控制、心理学、哲学和语言学等。人工智能将不局限于逻辑思维，还要发展形象思维、灵感思维。人工智能将会是人类集体智慧的"容器"。

按照人工智能的发展程度，可以分为如图 7-6 所示的三类。

弱人工智能（Artificial Narrow Intelligence，ANI）：弱人工智能是擅长单个方面的人工智能，也可以叫作专用人工智能。比如阿尔法狗（AlphaGo）在围棋比赛中战胜人类冠军，但是它只会下围棋，你要问它传感器是怎么用的，它就不知

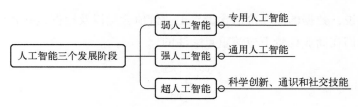

图 7-6　人工智能发展程度分类

道怎么回答你了。在大规模图像、视频识别（如人脸识别）中，人工智能已经超过了人类的能力。人工智能目前的进展主要在这个程度。

强人工智能（Artificial General Intelligence，AGI）：人类级别的人工智能，又叫通用人工智能。强人工智能是指在各方面都能和人类比肩的人工智能，能举一反三、融会贯通，可处理视觉、听觉、判断、推理、学习、思考、规划、设计等各类问题，能够进行抽象思维、理解复杂理念、快速学习和从经验中学习等操作，人类能干的脑力劳动它都能干，可谓"一脑万用"。现在的人工智能发展水平还达不到这个程度。

超人工智能（Artificial Super Intelligence，ASI）：在几乎所有领域都比最聪明的人类大脑聪明上万倍，包括科学创新、通识和社交技能。这个境界还处在科幻小说和科幻电影里。

物联网感知层通过传感器连接无数的设备和载体，包括家电产品，收集了大量的数据资料，人工智能通过对数据的自我学习和思考，解决人类面临的实用问题。

（2）B：大数据（Big Data）

说到这里，我们来到了下一个话题：大数据处理。

麦肯锡咨询公司曾谈道："数据，已经渗透到当今每一个行业和业务职能领域，成为重要的生产因素。人们对于海量数据的挖掘和运用，预示着新一波生产率增长浪潮的到来。"

阿里巴巴创办人马云在演讲中就提到，"未来的时代将不是 IT 时代，而是 DT（Data Technology、数据科技）的时代。"

大数据的 5V 特点（IBM 提出）如图 7-7 所示，大量（Volume）、高速（Velocity）、多样（Variety）、低价值密度（Value）、真实性（Veracity）。有人把数据比喻为蕴藏能量的煤矿。煤炭按照性质可分为焦煤、无烟煤、肥煤、贫煤等，而露天开采和地下开采的挖掘成本又不一样。与此类似，大数据并不在"大"，而在于"有用"。所以从大量数据中挖掘出高价值的东西，叫数据挖掘。比起数

据的规模来说，数据的商业价值含量、工业价值含量以及挖掘这些价值所付出的成本才是我们在商业场景下应该重点关注的。

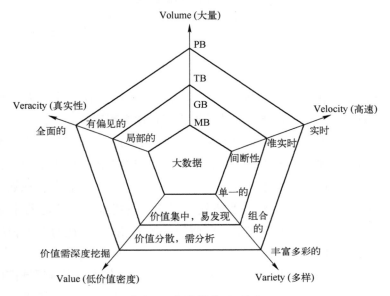

图7-7 大数据的5V特征

大数据需要特殊的处理技术，才能具有更强的决策力、洞察力和流程优化能力。这个特殊的技术包括：大规模并行处理（Massively Parallel Process，MPP）、数据库、数据挖掘、分布式文件系统、分布式数据库、互联网和可扩展的存储系统。

大数据的处理需要投入大量的基础设施，对于个人和中小单位来说，显然成本过高。

（3）C：云计算（Cloud Computing）

云计算（Cloud Computing）平台的应用能够解决上述问题。云计算是分布式计算（Distributed Computing）、并行计算（Parallel Computing）、效用计算（Utility Computing）、网络存储（Network Storage Technologies）、虚拟化（Virtualization）、负载均衡（Load Balance）、热备份冗余（High Available）等传统计算机技术和网络技术发展融合的产物。

云计算平台提供便捷的、可配置的计算资源共享池（资源包括网络、服务器、存储、应用软件、服务），只须投入很少的管理工作。云计算可以提供每秒10万亿次的计算能力，拥有这么强大的计算能力可以模拟核爆炸、预测气候变

化和市场发展趋势。用户通过计算机、手机等方式接入数据中心，按自己的需求使用网上的云计算资源。

大数据与云计算的关系就像一枚硬币的正反两面。大数据必然无法用单台的计算机进行处理，必须依托云计算的分布式处理、分布式数据库和云存储、虚拟化技术；云计算的主要应用场景就是对海量数据的价值挖掘。

信息技术能力的云服务化主要包括三个层次的内容。

底层是基础设施层 IaaS（Infrastructure as a Service，基础架构即服务），也叫作 HaaS（Hardware as a Service，硬件即服务），包括各种硬件资源，如网络资源、存储资源、计算资源，也包括物联网感知层可以共享的各种传感器节点资源。以前，如果想搭建一个道路交通管理的网站，需要购买服务器、摄像头、传感器、宽带服务。现在可以购买 IaaS 服务，由 IaaS 服务提供远端服务器、远端存储和远端网络硬件，摄像头和传感器节点也可以租用，节省了网站硬件维护成本和场地租赁成本。

第二层就是平台层 PaaS（Platform as a Service，平台即服务），可以在网上提供各种开发和应用分发的平台解决方案，如语音、图像、视频、通信服务开发、大数据处理、人工智能开发、物联网应用开发。中间件就处于云化服务的 PaaS 层。在搭建网站时，如果购买了 PaaS 服务，就不需要自己装服务器软件，也不需要自己开发和建设语音、图像、视频、大数据处理等公共平台了。

最上层就是软件服务 SaaS（Software as a Service，软件即服务），是直接面向用户的应用，如管理型应用、业务型应用、行业型应用。要搭建一个道路视频监控的网站，如果购买了 SaaS 服务，这个应用软件也不需要自己开发，使用 SaaS 公司开发好的应用程序，SaaS 可自动负责程序的升级、维护等，用户只需要专心运营便可。

在云服务化后，和中间件强相关就是 PaaS 层，如图 7-8 所示。中间件的发展也要适应这种云服务化的趋势。

（4）"ABC"放飞"感知"，增强"应用"

物联网就是把感知层采集的大量数据，通过 5G 网络逐渐汇集成大数据，通过云平台按照人工智能的要求进行计算和处理，形成有商业和工业价值的应用网络。也就是说，物联网在"ABC"的驱动下，必将释放出物联网的数据潜力，推动企业的应用创新。

打个比喻，物联网的感知层就是从各个地方汇集而来的各种配料、香料和食材。平台层的"ABC"就是大厨，他把各种零散的，不成体系的食料根据不同菜

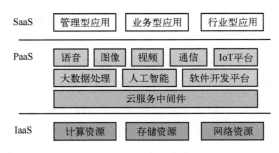

图7-8 中间件在云服务框架的位置

品的特色进行分析归纳，然后开始烹饪各式各样的菜肴，以满足食客们各式各样的需求（各种应用）。

物联网将是"5G+ABC"发展的主要动力，"5G+ABC"也将促进物联网感知层的大发展。未来十年，物联网领域的服务对象将扩展至各行业用户，M2M终端数量将大幅激增，应用无所不在。

从需求推进的角度来看，物联网的感知层满足了对物品的识别及信息读取的需求；物理网的网络层是通过5G网络满足了将这些采集到的信息进行远距离快速传输和大范围共享的需求；物联网的平台层借助"ABC"满足了随着连接指数级增长带来的数据分析和计算的需求；最后，对垂直行业的整合，物联网应用层必将满足各行各业细分化、差异化和定制化的需求，改变了企业的商业模式及人们的生活模式。

# 7.2 新感知、新应用

想象一下5年后的一天，你开车回家去看父母。可在途中，你想起了与此同时你要看一场不容错过的足球比赛。不过这难不倒你。你在车上设置好目的地、把车调为"自动驾驶模式"，这样你就不用去管车辆的行驶了。然后，你坐在车辆后排，带上观看足球的VR眼镜，宛若进入了球赛现场。

你的父母在家中，他们想看看牧场牛羊的情况，于是打开终端设备，上面呈现出了牧场牛羊的视频。终端设备上有现场监控数据：现场温度、湿度、牛羊草料的多少、喝的水是不是够、有哪些牛羊要下崽、有哪些牛羊可能有病。点击屏幕上的按钮，该加料的加料，该加水的加水，还可以把要下崽的牛羊和生病的牛羊分别引导在专门的圈里进行进一步监护。老人家突然想起来，自己的几十亩农田该喷洒农药了，又按了一下农场屏幕界面上的按钮，几十架无人机升天，开始

喷洒农药作业。

年迈的父母突然感觉身体不适，它们身上的可穿戴设备把身体的指标数据已经上传给了远程的医生，医生通过诊断，给出了治疗意见。看完病后，老人家躺在沙发上，说了句："放一些舒缓歌曲吧！"语音识别系统将这句话翻译成音响系统可以执行的指令，于是老人家伴随着柔和的音乐进入了梦乡。

此时，你把车停在了一个超市前。这是一个无人超市，你进去拿上了自己爱喝的饮料和想吃的食品，直接出门，支付成功的信息已经发送到你的手机或你的手环上了。

突然，有外国友人来问一些事情，你的智能耳机有人工智能辅助翻译功能，可翻译几十个国家的语言，所以这丝毫难不倒你，你完全可以和外国友人进行无障碍的沟通。

回到家里，见到父母，他们很关心你女朋友的情况。你说："她虽远在天边，但也可近在眼前！"你给他们带上 VR 眼镜，你的女朋友已经在和他们打招呼了，并且给他们表演了自己的拿手曲目《唱山歌》，他们非常满意。

过了一会儿，你的父母给你说起了他们的心事。这么多年，他们一直有个去海南潜水的梦想，可由于身体原因，不可能了。你告诉他们，没关系，在家也可以操作海南的潜水设备。你给父母穿上一套 VR 潜水服，海南的工作人员已经把远端设备放在了水面上，远端设备的控制权已经交给了你的父母。现在你父母的动作就可以控制海南的远端设备了，远端设备受到的水压，你的父母也能感受到；远端设备周围的鱼群，你的父母也能看到。

潜水活动完成后，你的父母非常开心。他们对你说："还有一个梦想，想去月亮上看看！"你说："不好，模拟太空服没有带！只好下次了。"

以上就是未来生活的一天，物的感知和人的感知已经合二为一。注重人的感知，已经催生了方方面面的应用。各种应用的需求反过来又把"感知技术"的发展推上了快车道。

在这个未来生活的故事中，涉及了很多新感知、新应用，按照出场先后顺序有：车联网（Internet of Vehick，IoV）、自动驾驶、云 AR/VR、智慧牧场、联网无人机、远程医疗、个人 AI 辅助、可穿戴设备、全息投影、远程旅游等。当然，随着物联网各层技术的发展，各行各业还会有涌现出很多新的应用。

物联网在网络层技术加平台层技术（5G+ABC）双轮运转的驱动下，必将实现感知层技术与多个垂直行业的应用跨界融合。未来的应用，只有想不到，没有做不到。我们现在只选择几个重要的应用介绍一下。

### 7.2.1 车联网

业界有句话："每一年都是中国车联网的元年。"

车联网的概念提出来很多年，但每一年都有新的概念注入。可以说新技术促进了车联网的发展，也可以说车联网主动寻求新技术的光环。传统汽车市场将彻底变革，因为车联网的作用超越了普通的消遣、导航服务，成为智能交通、道路安全和汽车革新的关键推动力。

车联网是指车与车、车与路、车与人、终端设备与车和路人动态信息的交互。车联网收集车辆、道路和环境、司机和乘客的各种信息，通过 5G 网络传到平台层，在平台上对多种来源采集的信息进行加工、计算、共享和呈现，根据不同的需求对车辆进行有效引导与监管，给驾乘人员提供专业的移动多媒体应用服务，给交通管理单位、车辆运营服务单位、车辆生产销售厂家、保险公司等提供完善的行业应用。

车辆网也是物联网，也遵循物联网的体系架构，如图 7-9 所示。

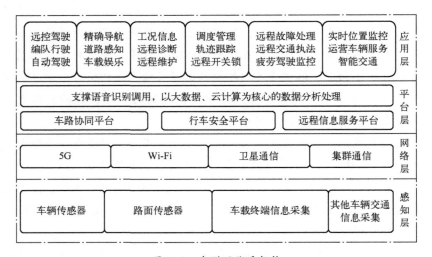

图 7-9　车联网体系架构

车联网是车、路、人之间的网络。车联网中感知层的技术主要是车的传感器、路的传感器，还有一些车载终端技术。传感器技术是车联网的一项很基础的支撑技术。

一般车辆上的传感器有上百种，F1 方程式赛车上的传感器会有数百种，车上常见的感应装置如图 7-10 所示。车辆上的传感器向人们提供关于车运行状况的信息，比如车速、温湿度、刹车和燃料的监控等，远程诊断就需要这些状况信息来分析判断车的状况。再比如，安全系统传感器主要有碰撞传感器、安全传感器、中央安全气囊传感器、安全带传感器、乘客区传感器等，其中碰撞传感器又分为前碰撞传感器和侧碰撞传感器，这些传感器的测量量可以在汽车发生碰撞时，判断碰撞的激烈程度和方位，然后确定安全气囊是否起爆。还有，超声波传感器可以模拟蝙蝠的导航模式，利用超声波从发射到接收的时间差来确定障碍物的位置。在未来的自动驾驶与无人驾驶汽车中，可以通过超声波传感器辨别障碍物到汽车的距离。图像传感器模拟人类的眼睛来感应车外环境状况，如利用几个摄像头合成汽车周围的环境图像，立体摄像头还能生成3D图像。除此之外，图像传感器还能识别距离、颜色和字体，这样可以认识交通指示灯与指示牌，可获取辅助驾驶的信息。

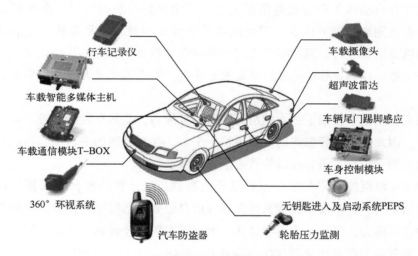

图 7-10  车上常见的感应装置

注：PEPS（Passive Entry Passive Start，无钥匙进入及启动系统）

　　　T-BOX（Telematics BOX，车载通信模块）

　　路的传感器指那些铺设在路上和路边的传感器，这些传感器用于感知和传递路的状况信息，如车流量、车速、路口拥堵情况等。这些信息都能让车载系统获得关于道路及交通环境的信息。

　　车联网的网络结构主要由车车之间的通信和车路之间的通信组成。车辆通过安装的车载单元（Onboard Unit，OBU）与其他车辆或者固定设施的路侧单元（Roadside Unit，RSU）进行通信。车载单元包括信息采集模块、定位模块、通信

模块等。路侧单元一方面将车辆的信息上传至管理控制中心，另一方面也可将控制中心下发的指令和相关信息传给车辆。

远控驾驶、编队行驶、自动驾驶、远程维护、高阶道路感知和精确导航服务等车联网应用都需要安全、可靠、低延迟和高带宽的连接，尤其是在高速公路和车辆密集的城市中。驱动车联网汽车变革的关键技术——5G，带来的是更快的速率、更低的功耗、更短的延迟，更强的稳定性，能支持更多用户。5G中的车联网网络切片可以同时满足这样严格的要求，将专门为车联网的应用而设置。

对驾车者来说，行车过程中触摸操作终端系统都是不安全的，因此语音识别技术显得尤为重要。有人问马化腾："微信为什么不在车联网体系中使用？"马化腾说："用得太爽容易出事"。

除非在自动驾驶和远控驾驶模式下，无论多好的触摸体验，在车辆行驶途中，手都得用来控制方向盘。因此成熟的语音识别技术将是车联网发展的助推器。司机索取服务时，通过嘴巴来对车联网发号施令，然后用耳朵来接收车联网提供的服务。在高速移动的非自动驾驶车辆里，语音模式是人和终端常见的交互模式。

语音识别技术依赖于强大的语料库及运算能力，显然车载终端没有这样的存储能力，因此车载语音技术的发展依赖于平台。在车联网的平台层，可以集成语音合成、语音识别、语音搜索等核心语音技术。

很多车联网的应用和服务都要基于大数据、云计算的平台层来提供基础能力。车路协同、行车安全或者其他车联网信息服务，都需要平台层海量的存储和高速的计算能力，以便完成路况计算、大规模车辆路径规划、智能交通调度、基于庞大案例的车载自动诊断（On Board Diagnostics，OBD）计算等。

车联网的本质就是物联网与移动互联网的融合。车联网的应用就需要通过整合车、路、人的各种信息与服务，最终都是为人（车内的人及关注车内的人）提供服务的。

车主、乘客、汽车生产/销售厂家、车辆运营服务公司、交通管理部门、车辆保险公司需要的应用和服务是不一样的。车联网和互联网通过服务整合，可以使车载终端获得更有价值的服务，如呼叫中心服务与车险业务整合、远程诊断与现场服务预约整合、位置服务与商家服务整合等等。

作为车主来说，一个完美的车载系统不仅是一个导航系统或一个大屏幕，还是车辆使用维护中的专家系统和服务支撑系统。在用户的车载终端和手机上，同

时可以看到车辆的工况列表：行驶里程、当前油量、累计用油量、当前电压、紧急刹车次数、紧急加速次数等信息，这些信息都可按期生成统计报告，供车主、汽车生产厂家、维修厂家或保险公司使用。

用户不需要成为汽车维修诊断专家，系统能主动给出诸如发动机、自动变速箱、刹车系统、防盗系统、安全系统、空调等系统的远程诊断结果，然后准确地提醒驾驶者车辆存在什么样的故障、安排保养计划和维修方案。

用户不需要成为驾驶高手，系统能根据路况和车主的行程安排合适的路线，在合适的路况，还可以启动自动驾驶、远控驾驶模式；用户不需要动手，只需要张口，系统能主动拨打救援电话或提供自驾游建议等。

车联网还可以用于城市智能交通中。交通管理部门可以实时提供事故地段预警、可能碰撞预警、电子路牌、红绿灯警告、道路湿滑检测，为安全驾驶保驾护航。通过提供交通拥塞检测、路径规划、公路收费、公共交通管理，改善人们的出行效率，缓解交通拥堵。

## 7.2.2 VR+AR

昔者庄周梦为蝴蝶，栩栩然蝴蝶也，自喻适志与！不知周也。俄然觉，则蘧蘧然周也。不知周之梦为蝴蝶与？蝴蝶之梦为周与？　　　　——《庄子·齐物论》

庄周梦蝶的故事是说，庄子梦中幻化为栩栩如生的蝴蝶，忘记了自己原来是人，醒来后才发觉自己仍然是庄子。究竟是庄子梦中变为蝴蝶，还是蝴蝶梦中变为庄子，实在难以分辨。究竟是真正的世界存在于我们的想象中，还是我们的想象成为真实的世界？究竟是虚拟了现实？还是增强了现实？

虚拟现实（Virtual Reality，VR），也称灵境技术或人工环境，是利用计算机模拟产生一个三维空间的虚拟世界，使用者可以得到关于视觉、听觉、触觉等感官的模拟，也可以通过头部的转动，眼睛、手势或其他人体行为动作和虚拟的事物进行互动。

增强现实（Augmented Reality，AR）是一种实时地计算摄影机影像的位置及角度，并加上相应图像的技术，通过一定的设备去增强在现实世界的感官体验和交互体验。AR技术可以让真实的世界与虚幻的图像完美结合，结合后的画面可以实时传递，不会让用户有分离感。

准确地说，VR与AR主要使用的是物联网平台层的人工智能技术，但也依赖于感知层的技术。VR和AR技术的实现对感知层的要求相当高，要求具备智能视觉感知、听觉感知、触觉感知、运动感知，甚至还包括味觉感知、嗅觉感知

等。理想的现实仿真技术，应该具有人所具有的一切感知功能。也就是说，VR和 AR 具有多感知性（Multi-Sensory）。

VR 产生的虚拟世界和 AR 产生的现实增强世界，都是利用计算机产生的三维立体图像，人置身于其中，仿佛在完全真实的客观世界中一样。这就是 VR 和AR 技术的沉浸感（Immersion）。

在计算机生成的这种环境中，人们可以用自然方式与虚拟世界进行交互操作，感觉就像是在真实客观世界中一样。比如：当用户用手去抓取虚拟环境中的物体时，手就有握东西的感觉，而且可感觉到物体的重量。有时，人需要配置一些专用交互设备，如数据手套、跟踪器、触觉和力反馈装置。这就是 VR 和 AR技术的交互性（Interaction）。

虚拟环境可使用户沉浸其中并且获取新的知识，提高感性和理性认识，从而使用户深化概念和萌发新的联想。VR+AR 技术可以启发人的创造性思维，具有构想性（Imagination）。VR 和 AR 技术的特点，如图 7-11 所示。

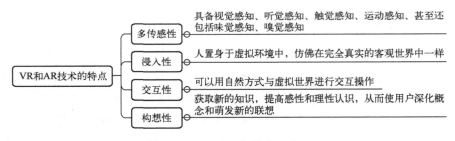

图 7-11　VR 和 AR 技术的特点

虚拟现实技术（VR）和增强现实技术（AR）是计算机仿真技术研究的重要方向，是计算机图形技术、人工智能技术、全息成像技术、人机接口技术、传感技术、网络技术等多种方向的交叉学科，如图 7-12 所示。

在 VR 和 AR 技术中，计算机图形（Computer Graphics，CG）技术非常重要。人看周围的世界时，由于两只眼睛的位置不同，得到的图像略有不同。这些图像在脑子里融合起来，就形成了一个关于周围世界的整体景象。

这个景象中包括了距离远近的信息。距离信息也可以通过其他方法获得，例如眼睛焦距的远近、物体大小的比较等。在 VR 和 AR 系统中，双目立体视觉起了很大的作用。用户的两只眼睛看到的不同图像是分别产生的，显示在不同的显示器上。有的系统采用单个显示器，但用户带上特殊的眼镜后，一只眼睛只能看到奇数帧图像，另一只眼睛只能看到偶数帧图像，奇、偶帧之间的不同即视差就

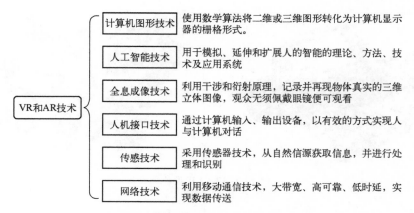

图 7-12　VR 和 AR 技术是交叉学科

产生了立体感。在人造环境中，每个物体相对于系统的坐标系都有一个位置与姿态，而用户也是如此。用户看到的景象是由用户的位置和头（眼）的方向来确定的。

全息成像技术也会用在 VR 和 AR 的应用场景中。全息成像技术是利用干涉和衍射原理来记录并再现物体的三维立体图像。全息摄影采用激光作为照明光源，并将光源发出的光分为两束，一束直接射向感光片，另一束经被摄物的反射后再射向感光片。两束光在感光片上叠加产生干涉，最后利用数字图像基本原理再现的全息图进行进一步处理，去除数字干扰，得到清晰的全息图像。这种图像无须用户佩戴眼镜，在空中就可以观测到。全息成像技术目前已经在部分博物馆中得到应用。在 VR 和 AR 应用场景中，用户可以和全息立体图像互动，用户的交互性和浸入感更强。

虚拟现实技术（VR）是用来创建和体验虚拟世界的技术，而增强现实技术（AR）是虚拟世界和现实世界融合并可进行互动的技术。

VR 和 AR 虽都是基于现实，但 VR 技术则是彻底地改变现实，AR 技术是在现实中改变。二者的主要区别就在于 VR 的技术是以假乱真，AR 技术则是真假相融。用户佩戴的设备是不一样的。VR 设备就像一个大头盔，如图 7-13 所示，还要全封闭的，比较重。AR 佩戴的设备一般以眼镜的形式出现，能在小小的镜片中呈像，如图 7-14 所示，比较轻便。

AR 与 VR 技术将彻底颠覆传统的人机交互内容。两者结合形成混合现实（Mixed Reality，MR）技术将彻底改变人类的娱乐、生活体验。就目前来说，VR 和 AR 的应用还是有区别的。VR 所呈现的是一种完全虚拟的图像，使用头部、

图 7-13　VR 设备

图 7-14　AR 设备

动作监测技术来追踪用户的动作，它更适合应用在电子游戏（如图 7-15 所示）、电影作品等应用领域。AR 是现实和虚拟的无缝结合，是真实世界和虚拟世界的信息集成，AR 在教育、购物、商务办公等领域更具优势，如图 7-16 所示。

图 7-15　VR 游戏

　　VR 将在航天航空、医学、娱乐、军事、地理、教育等领域广泛应用。比如说，在航天航空领域，宇航员不能不经培训就上太空。但是地面上没有太空环境

图 7-16　AR 应用

怎么办？使用 VR 技术，可以让宇航员提前找到太空工作的感觉，如图 7-17
所示。

图 7-17　模拟太空训练

我们经常在网上商城购物，但很多网上的东西看起来很炫，但买到家里却不
怎么合适，这让你捶胸顿足，后悔不已。怎么办？可以用 AR 技术适用一下。例
如，买一个家具，把网上看到的家具和家里的摆设使用 AR 合在一起看看效果，
如图 7-18 所示。再如，要买一件衣服，不知道自己穿上好看不好看，合适不合
适，可以把网上的衣服使用 AR 技术让自己穿上，看看如何。基于 AR 技术的购
物，可以让你购买之前看效果，买定离手不后悔，对自己和商家而言都减少了很
多麻烦。

图 7-18　使用 AR 技术购买家具

## 7.2.3　无人机

无人驾驶飞行器（Unmanned Aerial Vehicle，UAV）简称为无人机，是无线遥控或程序控制的不载人飞机。它涉及传感器技术、通信技术、信息处理技术、智能控制技术以及航空动力推进技术等，是信息时代高技术含量的产物。无人机的价值在于形成空中平台，结合其他部件扩展应用，替代人类完成空中作业。广泛应用于军事、地图测绘、科学研究、电力巡检、海上监视与救援、公共道路安全、建筑、能源、农牧业、电影等领域。在过去十年中，无人机的全球销量逐年增长，已经成为政府、工业、商业和消费的重要应用工具。

在无人机刚开始发展的时候，仅实现了无人机的飞行、拍照、录视频等远程控制，功能较为简单；后来，人们发现在无人机上安装上各种传感器，可以承载更多的功能，如高空温度、压强、湿度的测控、环境污染测控、声波红外遥感测控、高空位置测等。当无人机和移动通信网络连接的时候，实现了无人机应用的跨越，"编队飞行""网联天空"已然成为现实；5G 网络高带宽、低时延、高可靠的技术特点可以推进无人机应用的实时化，可以解决超视距范围内无人机的互联互通、高清视频传输、高可靠低时延数据回传等应用技术难题，为无人机在巡检、安防、测绘、救援等可能面临恶劣环境的情况下，提供了保障；无人机和人工智能（AI）的结合，可以实现 7×24 小时无间歇自主飞行作业、自动障碍物规避、自动返航充电等。无人机发展的进程如图 7-19 所示。

无人机应用方案的架构如图 7-20 所示，传感层主要由安装在无人机上的高清相机和移动通信模组（5G）构成。当然了，还可以安装更多的用于高空探测的传感器，以实现特殊领域的应用。全球的移动运营商经过几十年的发展，现已

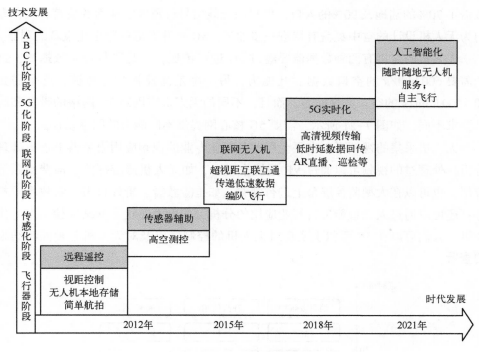

图 7-19　无人机发展阶段

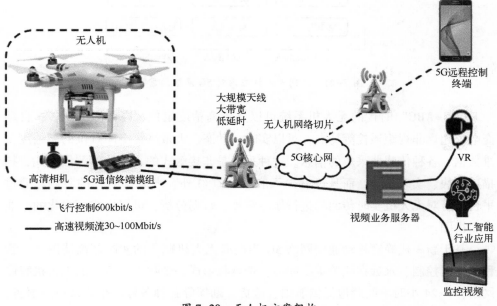

图 7-20　无人机方案架构

覆盖了 70% 的陆地及 90% 的人口，但目前无线信号仅覆盖了地面的建筑和人，专门为无人机设计的空中覆盖有待进一步加强。5G 是开发低空数字化宝藏的利器。

无人机的应用有两种数据流要经过 5G 进行传送，一是飞行控制数据流，这个需要 600 kbit/s 的空口数据吞吐能力；另一个是高速视频业务流，这个需要 30~100 Mbit/s 的空口数据能力。而且，不同的无人机应用对 5G 网络的带宽和时延要求不同，如图 7-21 所示，需要 5G 核心网提供不同能力的网络切片。

无人机采集的视频可以在平台层的各行业专业的视频应用服务器上进行处理分析，处理过的视频可以通过 VR 眼镜来观看，如无人机旅游探险、消费娱乐等应用；也可以在大型监控屏幕上进行观看，如抢险救援、野外科考、农牧场监控等；还可以通过人工智能进行行业应用的分析，如电力巡检、基站巡检、自主作业等。人们可以在 5G 手机上实现对无人机的控制，以及对无人机各种探测结果的查看。

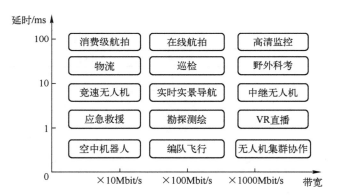

图 7-21　不同无人机应用对 5G 网络的需求

"5G+ABC" 时代的无人机系统可以具备高精度定位、高清图像回传、自动充电、超远非视距遥控等特点，可以实时、动态、大量采集空间点位的高精度三维数据、各种传感器采集的信息。这种采集是非接触式的、主动的测量方式，扫描速度快、实时性强，而且没有白天和黑夜（红外、声波探测）的限制。通过平台层可对无人机实时传回的进行航迹解算、数据分析，可以生成可视化的行业应用视图。

基于新一代蜂窝移动通信网络 5G 为网联无人机赋予的实时超高清图传、远程低时延控制、永远在线等重要能力，全球将形成一个数以千万计的无人机智能网络，7×24 小时不间断地提供航拍、送货、勘探等各种各样的个人及行业服务，进而构成一个全新的、建立一套支持高空覆盖、视频图传、精准定位、无线续航

和远程遥控的智能网络。

　　"无人机+行业应用"以后的主要应用模式，会产生很多无人机运营企业利用云平台，向最终用户提供无人机云服务。

　　在娱乐行业，VR 直播将大量出现，如图 7-22 所示。VR 直播要求上行单用户体验速率在 100 Mbit/s 以上，空口时延在 10 ms 以下。5G 时代，这个要求很容易满足，VR 直播更加流畅、更加清晰。大型会场的直播场景下，无人机机体上挂载着 360 度全景相机，不间断地进行高清视频的采集，采集的图像通过连入5G 通信链路，传到视频流媒体服务器中，用户通过 VR 眼镜或 PC 连接到服务器上进行观看。

图 7-22　VR 直播

　　电力系统中，输电线路一般位于崇山峻岭、无人区居多。传统的人工巡视要求作业人员具有登高证，而且要求长时间连续作业，工作效率较低且比较危险，如图 7-23 所示。应用无人机提供电力巡检，既能避免高空爬塔作业的安全风险，亦可以 360°全视角查看设备细节情况，提高巡视质量。

　　移动通信系统的基站天线工参，也需要定期检测。这是移动通信系统最基本的维护工作。如图 7-24 所示，通过无人机进行基站巡检，在降低了人工劳动强度的同时，也降低了人工登塔作业的安全风险，提高了巡检效率的同时也节省了时间成本。

　　像电力塔、移动基站塔这样的巡检场景，可使用多旋翼无人机，组合搭载高清变焦相机、红外相机、夜视相机、激光雷达等多种传感器。多机协同 360°全景

图 7-23　电力巡检

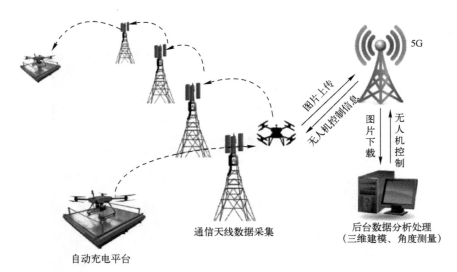

图 7-24　自动巡检场景

拍摄，数据要冗余采集，减少由于对巡检目标的角度和光线不一致或者图像漏拍等导致的 3D 图像建模失败。然后，将拍摄到的电力塔或基站塔的数据通过 5G 回传到主服务器，近端地面站与管理中心均可以查看巡检系统生成的报告，可以进行内外场协同分析，及时发现问题，并及时下达图像重新采集的命令。

　　无人机灵活性强，当自然灾害发生时，可以用于应急通信救援。受灾区域往往通信中断，无人机上可以搭载小型 5G 基站，如图 7-25 所示，然后基于规划的路线飞行，受灾被困人员手机有信号，可以方便对被困人员通信设备进行主动定位，方便确认被困人员的位置及身份信息。同时利用机载摄像头采集现场高清视频画面，通过 5G 网络传给平台侧，平台侧使用人工智能技术，快速实现人员识别和周边环境分析，并且自动给出救援措施，方便救援人员针对性地开展营救工作，最大限度地减少人员伤亡。

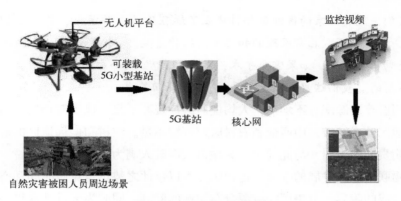

图7-25　无人机通信救援

在野外条件下，通过对生态环境、动植物的指标数据进行长期采集，大量的数据积累后，才能确定习性及演化趋势。野外科学观测是科研人员在生态学、气象学等领域的基本研究手段。然而，在青藏高原、蒙古草原、新疆戈壁这样的自然环境下，建立固定的传感器监测系统，成本较高。使用无人机搭载多种传感器，高清摄像头在野外进行跟踪采集，如图7-26所示，通过5G网络完成采集数据的传输，可以在数据中心（Data Centre，DC）建立庞大的信息库。最后，支持科研人员的电脑和手机终端的应用分析软件进行进一步的研究。

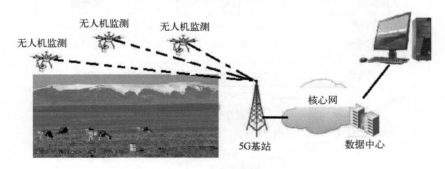

图7-26　野外科学考察

## 7.2.4　远程医疗

"小吴，你怎么啦？"小萍问。

"我头疼了好长时间了，跑了好几个门诊，找不到问题的根源。有人让我去北京，我哪有那么多时间？"吴小白说。

"不用去北京就可以找北京的大夫看病！"小萍说。

"啊？有这回事？"吴小白很疑惑。

"我们医院和北京的医院脑外科建立了远程医疗合作关系，你在我们医院拍个片子，检查一下，北京医院的知名大夫给你看病。"小萍说。

"是吗，太好了。如果需要手术，再去北京?"吴小白问。

"不用的。我们这里可以远程手术。"小萍回答说。

我国医疗资源配置不均衡，人均优质医疗资源不足。优质医疗资源集中在东部发达地区的大城市，中西部和农村医疗资源不足。农村和偏远地区的群众看病难、看病贵问题突出，与此同时，大城市大医院人满为患。

在物联网迅猛发展的今天，远程医疗可以借此之势迅速克服时间和空间给求医问诊造成的障碍，解决医疗资源分布失衡的问题，同时为老百姓赢得最宝贵的治疗时机，提供最佳的治疗方法。

远程医疗（Telemedicine）是医疗技术与物联网技术的结合，是医用传感器技术与5G移动通信技术、计算机和人工智能技术、全息影像技术等的结合。在医学专家和病人之间建立起远程联系，充分发挥大医院或专科医疗中心的医疗技术和医疗设备优势，对医疗条件较差的边远地区、海岛或舰船上的伤病员进行远距离诊断、治疗和咨询。

远程医疗服务的组成架构如图 7-27 所示。

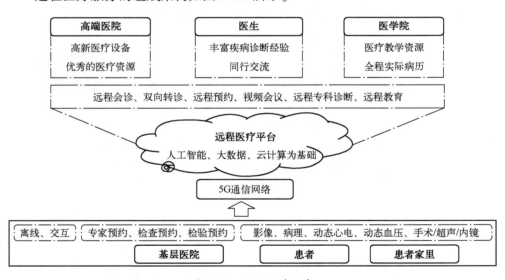

图 7-27　远程医疗服务

在基层医院，各科室包括放射科、病例科、皮肤科、心脏科、内镜以及神经科，由于医疗的目的不同，远程医疗系统中配置的数字化医疗仪器是不一样的。

患者自己也可以配置一些便携的无线健康监测仪器。这些都属于远程医疗系统的传感层设备。这些设备完成医疗过程中视频、图像、音频、监测数据、病历档案数据的采集。

远程医疗一定要依托 5G 移动通信技术，可以实现大带宽的、实时动态的医疗影像传送。这样，在远程诊断和远程手术的时候，医生及时准备地掌握患者状况。患者在基层医院或家里完成的检测数据通过 5G 传送到远程医疗平台，形成多种数据的资料库，包括大量动态清晰的视频资料。云计算平台上运行了专业远程医疗信息的大数据管理软件，结合医疗系统的人工智能系统，给出初步分析诊断数据，医生可以借助这些数据，结合高临场感的影像给出会诊结果，有效提升远程医疗的质量和效果。

远程医疗系统通常包括远程影像诊断、远程会诊、远程监护指导、远程手术指导、远程医疗案例分享等应用功能，如图 7-28 所示。

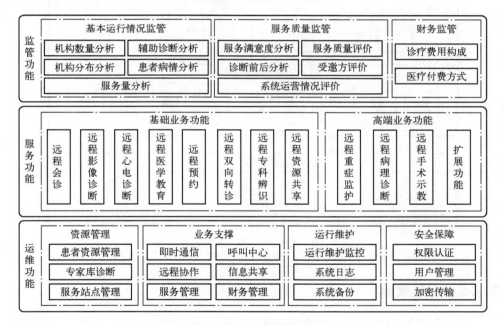

图 7-28 远程医疗平台常见功能架构

美国马里兰大学开发了战地远程医疗系统，由战地医生、通信设备车、卫星通信网、野战医院和医疗中心组成。每个士兵都会佩戴一只医疗手镯，它能测试出士兵的血压和心率等参数，起到感知身体状况的作用。每个战士也会佩戴 GPS 定位仪，用于野战环境下的定位，便于医生快速找到他。

美国联航也投入运行了提供全方位的生命信号监测的远程医疗系统。在飞机飞行过程中，实时监测乘务组和乘客的健康状况，如心脏、血压、呼吸等，发现问题可及时得到全球各地的医疗支持。

在我国，有条件的医院和医科院校也开始建立并使用远程医疗系统。随着"5G+ABC"技术的使用，远程医疗技术会越来越成熟。我国必将完善远程医疗的服务和监管体系，设置包括如图 7-29 所示的远程医疗服务站点、远程医疗信息资源中心、省级和国家级远程医疗监管和资源服务中心等各个层级的服务机构。

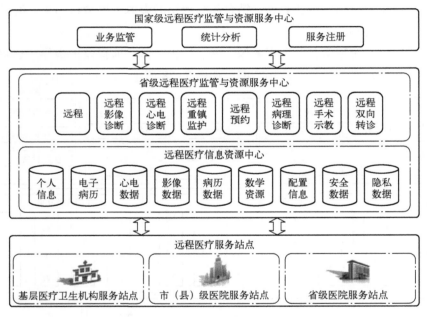

图 7-29　国家级的远程医疗服务体系

## 7.2.5　智慧能源

我国是能源消耗大国，能源利用率也不高。从单位产值能耗来看，我国的每百万美元 GDP 耗能为 908 t 标油，远高于世界的平均水平 270 t，更高于日本的 96.2 t；从能源利用率的角度看，我国能源利用效率为 32%，仅为美国和日本的一半左右。究其原因，我国产业结构中，高耗能产业的比重较大、耗能装备的技术水平较低。以煤为主的一次能源结构造成了严重的环境污染，生态破坏已造成严重的经济损失。

我们也想提高能源使用效率，但是从何下手呢？对于有的能耗场景，缺乏有效数据，或者只有总的能耗数据（月账单、年账单），对具体工艺和具体设施的能耗数据不了解。虽然有部分人工抄表的数据，但缺乏对海量数据进行统计、整理和分析，缺乏发现能效提高抓手的大数据分析工具。

信息技术革命倒逼能源革命。信息技术革命将与新的能源革命进行深度整合，影响整个经济社会。

智慧能源就是将能效技术与物联网技术相结合，建立高效的能源管理体系，如图 7-30 所示，对能耗数据进行分析和整理，对能源用量、能耗成本进行分摊，生成各种关键能耗指标，根据系统的分析数据进行需求侧管理，发现浪费，促进设备升级改造，从而降低能耗。

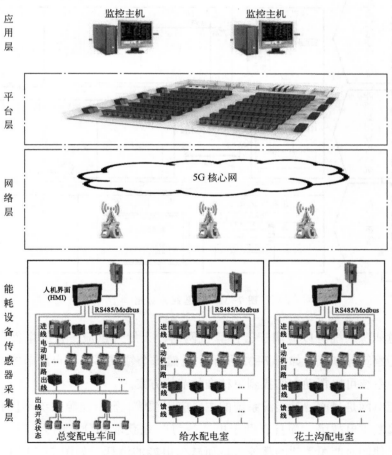

图 7-30  智慧能源管理体系

能耗设备的数据采集层是由监测各种耗能设备中的各计量装置、传感器、数据采集器和数据采集软件系统等组成。监测能耗的各种计量装置或传感器，包括智能电表、智能水表、智能气表、蒸汽流量计、热能计等各种带通信功能的仪表可组成无线传感网（Wireless Sensor Network，WSN）。在汇聚节点处，通过5G网络传送数据。

在平台层的数据中心，存储着企业在生产、运行过程中的能源消耗数据。能源管理系统实现企业远程实时能耗监测、能耗管理及经济性分析，帮助企业实现持续能源管理，提供设施优化运行方案，协助用户进行设施管理和改进，持续发现和挖掘节能潜力。通过能源管理系统，可以实现类似图7-31所示的功能。

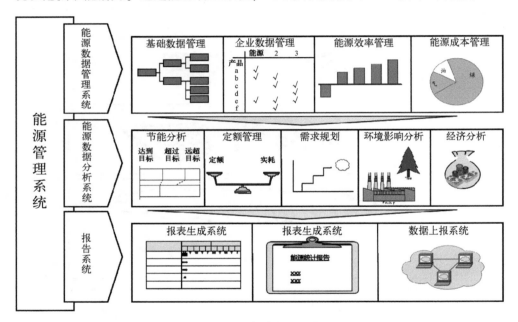

图 7-31　智慧能源功能

智慧能源系统可以应用于云计算机网络、天然气供应、智能电网、智能交通、智能建筑等领域，如图7-32所示。虽然每个领域都有各自的节能技术，但智慧能源系统可以帮助它们找到更精准的节能方案。

智能电网是目前智慧能源系统的主要应用领域。智慧能源系统不仅有助于更迅速地修复供电故障，而且有助于更"智慧"地获取和分配电力。普通用户也能够加强他们对能源消耗的掌控，从而减少电能的消耗。如图7-33所示，智能电网的应用包括国家电网的电力监控平台和普通用户的感知互动平台。

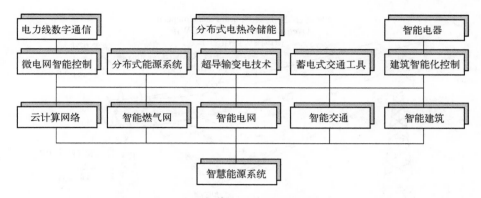

图 7-32　智慧能源系统的应用领域

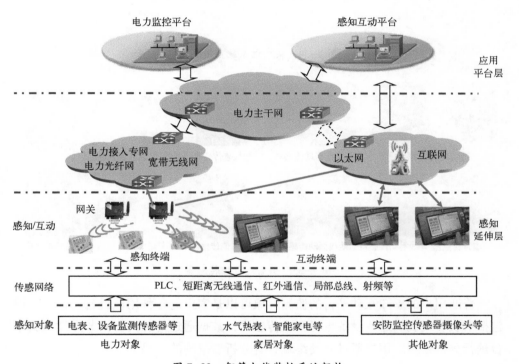

图 7-33　智慧电能监控系统架构

电力监控平台需要监测的对象主要有变压器、断路器、避雷器、导线等电力对象，如图 7-34 所示，涉及的传感器众多。仅对导线的监控，就有如图 7-35 所示的多种传感器。这些电力对象安装的传感器可以组成传感网络，监测数据通过传感网的汇聚节点或者网关发送到电力系统的内部专网上。电力监控平台利用这些数据实现各种分析功能。

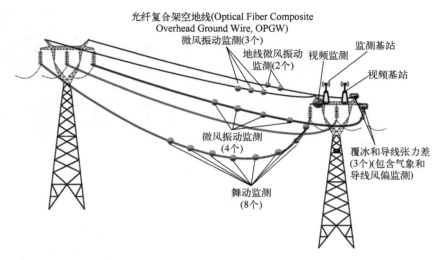

图 7-34　某输电系统监控方案

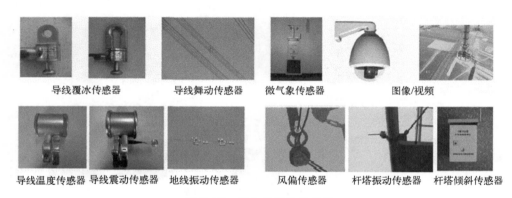

图 7-35　供电线监控传感器

普通用户的感知互动平台的监测对象可以是家里的各种用电设备，甚至可以包括水表和气表。这些设备也可组成传感网，数据通过传感网汇聚节点发送到平台进行分析处理。用户通过互动终端查看分析后呈现的结果。

## 7.2.6　智能制造

某一天，吴小白参观 F 电子产品加工组装厂，来到生产车间，如图 7-36 所示。透过玻璃窗，他发现整个生产车间没有一个工人，但生产过程在有条不紊地进行着。

他很是奇怪，问旁边的接待员："怎么车间里没有一个操作人员呢？"

图 7-36　智能生产车间

接待员小肖说："我们这个工厂不需要车间工人，所有的加工和组装动作都由机器自动完成！"

"啊？"吴小白不敢相信，问："那总得有人编写机器的程序吧，不然机器按照什么指令来运行？"

小肖说："也不需要编写程序，只需要工程师在电脑旁边进行简单的设置和选择，就可以实现柔性制造。"

"什么是柔性制造？我听不明白。"吴小白问道。

"柔性制造就是按照用户的需求，进行小批量生产；当用户的要求变了，只要我们的工程师简单设置一下，就可以很快按照新的要求生产。"小肖解释道。

"那物料需要更换，或者数量不足，人不也需要去车间么？"吴小白问道。

小肖解释道："那也不需要。物料是在工程师完成需求设置后，公司根据要求计算出所需物料，自动下单完成采购，供货方将物料放在指定的平台，剩下的工作就交给机器了。每个物料上，都会有电子标签。机器会根据生产命令自动地选择自己所需的物料进入流程的。"

吴小白听到非常惊诧，说："这简直太自动化了！"

小肖补充道："不只是自动化，还有智能化。"

智能制造（Intelligent Manufacturing，IM）是自动化生产技术和信息技术的结合，可以从制造和智能两方面进行解释，如图 7-37 所示。制造是指对原材料进行加工或再加工，以及对零部件进行装配的过程。根据我国现行《国民经济行

业分类》标准（GB/T 4754—2017），我国制造业包括 31 个行业，又进一步划分为 179 个中类、609 个小类，涉及了国民经济的方方面面。智能类似人脑的功能，从感觉、记忆、思维，然后到行为控制和语言表达的过程，都体现了智能。

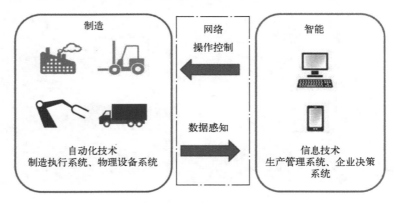

图 7-37　智能制造的概念

智能制造是基于物联网技术，利用 5G 移动通信网技术和"ABC"技术（人工智能、大数据、云计算），贯穿设计、生产、物流、销售、服务等制造活动各个环节，具有信息深度自感知、智慧优化自决策、精准控制自执行等功能的先进制造过程、先进管理系统与模式的总称。

智能制造的核心功能，是在生产管理决策系统和制造执行系统中架起了沟通的桥梁，如图 7-38 所示，智能制造的生产管理决策系统不仅能够在实践中不断地充实知识库，而且还具有自学习的功能，还有搜集与理解环境信息和自身的信息，并具备分析判断和规划自身行为的能力。在制造执行过程的各个环节，感知层都会采集大量的实时动态数据，通过网络传到平台层后，生产管理专家系统技术应用人工智能技术，实现工程设计、工艺过程设计、生产调度、故障诊断、产品配方、定制化生产等。应用了神经网络和模糊控制理论的人工智能技术，适合解决特别复杂和不确定的问题。

智能制造系统的本质特征是个体制造单元的"自主性"与系统整体的"自组织能力"的结合。

从物料到生产车间，再到产品，都有电子标签，都具有部分智能化的功能，如图 7-39 所示，这便于个体制造单元的"自主性"。通过平台层对个体制造单元产生的过程数据进行分析，让物料会"说话"，让车间会"说话"，让产品会"说话"，从工作人员或用户的手机 APP 上，可以智能地呈现必要的相关信息。

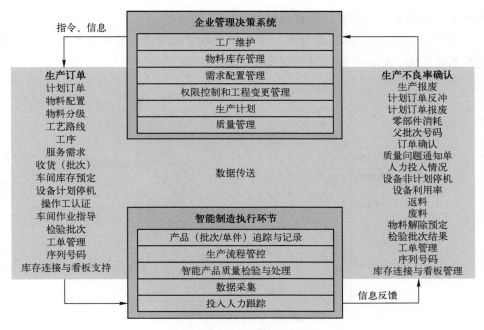

图 7-38　智能制造的核心功能

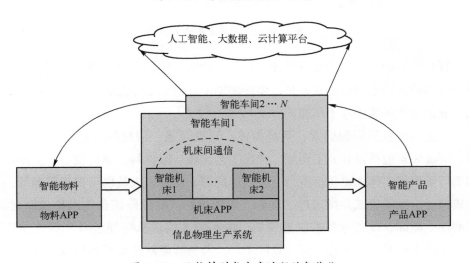

图 7-39　从物料到成生产过程的智能化

　　从智能制造系统的整体来看，系统具备"自组织能力"。智慧工厂的各个生产单元和要素可以根据需求进行自组织，管理系统分布在各个制造单元上，自治独立、功能完善，但可彼此协调配合，支持智能制造的各种应用。基于5G移动网和互联网的环境下，各个企业单元也可以建立协同合作的流程和应用，具有企

业间上下游产业链之间的协调管理能力。

如图 7-40 所示，从生命周期、系统层级和智能功能三个维度构建了智能制造的系统架构，每一个维度都会有比较丰富的内涵。

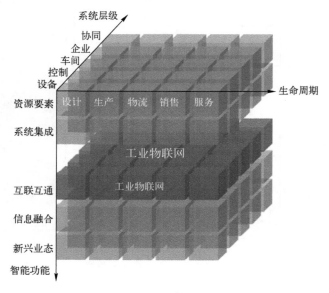

图 7-40　智能制造系统架构

智能制造的生命周期是由设计、生产、物流、销售、服务等一系列相互联系的价值创造活动组成的链式集合。生命周期中各项活动相互关联、相互影响。不同行业的生命周期构成不尽相同。

智能功能包括资源要素、系统集成、互联互通、信息融合和新兴业态等五层。资源要素包括设计施工图纸、产品工艺文件、原材料、制造设备、生产车间和工厂等物理实体，也包括电力、燃气等能源。此外，人员也可视为资源的一个组成部分。系统集成是指通过二维码、射频识别、软件等信息技术集成原材料、零部件、能源、设备等各种制造资源。由小到大实现从智能装备到智能生产单元、智能生产线、数字化车间、智能工厂，乃至智能制造系统的集成。互联互通是实现工业物联网的网络基础，通过有线、无线等通信技术，实现机器之间、机器与控制系统之间、企业之间的互联互通。信息融合是对应的是物联网的平台层，利用人工智能、大数据、云计算等最新的信息技术，在保障信息安全的前提下，实现信息协同共享。新兴业态对应的是物联网的应用层，主要支持个性化、服务型的柔性制造模式，包括远程定制、远程运维和工业云等。

系统层级自下而上包括为设备层、控制层、车间层、企业层和协同层，体现了装备的智能化和网络化（IP 化）趋势。设备层级包括传感器、仪器仪表、条码、射频识别、机器、机械和装置等，是智能制造的感知层基础。控制层级是指自动化生产过程的主要设备，包括了可编程逻辑控制器（Programmable Logic Controller，PLC）、数据采集与监视控制系统（Supervisory Control and Data Acquisition，SCADA）、分布式控制系统（Distributed Control System，DCS）和现场总线控制系统（Field Control System，FCS）等；车间层级实现面向工厂/车间的生产管理，包括制造执行系统（Manufacturing Execution System，MES）等；企业层级实现面向企业的经营管理，包括企业资源计划（Enterprise Resource Planning，ERP）系统、产品生命周期管理（Product Lifecycle Management，PLM）、供应链管理系统（Supply Chain Management，SCM）和客户关系管理系统（Customer Relationship Management，CRM）等；协同层级由产业链上不同企业通过互联网络共享信息实现协同研发、智能生产、精准物流和智能服务等。

智能制造系统架构的系统层级的基础是自动化闭环控制系统。在系统的控制周期内，设备层的每个传感器进行连续测量，测量数据传输给控制器以设定执行器。典型的闭环控制过程周期低至毫秒级别，比如对环境敏感的高精度生产制造环节、化学危险品的生产环节等。制造环节的传感器（如压力、温度等）获取的信息需要通过毫秒级的时延传送到系统的执行器件（如机械臂、电子阀门、加热器等），以完成高精度生产作业的控制。生产区域有数以万计的传感器和执行器，需要通信网络的海量连接能力和极高的可靠性，来确保生产过程的安全高效。5G 网络可以满足这样苛刻的时延和可靠性要求。

在工业自动化领域，PLC 是常见的控制层设备。在智能制造的条件下，自动化控制系统和传感系统的工作范围可以分布在几百平方公里到几万平方公里的范围内。为了满足工业自动化控制的开放性和灵活性要求，无线云化 PLC 是智能制造的关键技术之一。企业可以通过运营商的云服务来托管自己的云 PLC 系统，也可以自建云平台来运行自己的云 PLC 系统。

如图 7-41 所示，智能机器人是智能制造的重要应用体现。与一般机器人相比，智能机器人具有相当发达的"大脑"。在脑中起作用的是中央处理器，使用人工智能技术可以自主地对外界很多复杂

图 7-41　智能机器人

情境做出反应。

　　智能机器人除了运算能力极强的"大脑"外，就是形形色色的内部信息传感器和外部信息传感器，如视觉、听觉、触觉、嗅觉。除具有感受器外，它还有效应器，作为作用于周围环境的手段。这就是筋肉，或称自整步电动机，它们使手、脚、鼻子、触角等动起来。

　　由上可知，智能机器人至少要具备三个要素：感觉要素（传感器）、运动要素（效应器）和思考要素（中央处理器）。智能机器人是一个多种新技术的集成体，它融合了机械、电子、传感器、计算机硬件、软件、人工智能等许多学科的知识。

　　多个智能机器人也可以组织起来，由云端的行业应用软件进行集中控制，完成特定的工作。如图 7-42 所示，智能机器人有一定的自主处理手头工作的能力。与此同时，工作过程中会产生大量的数据送往云端。云端的软件对收集的大量数据进行自我学习和训练，逐渐会产生对生产过程中的残次品的识别能力，也会有对现场突发情况的应变能力。云端的智能还可以组成大规模的智能机器人分工协作，完成比较复杂的现场生产管理工作。云端平台代替了组织协调生产的领导工作，现场机器人代替了现场生产线的工人。最终人类会从制造类企业的车间工作中彻底解放出来。

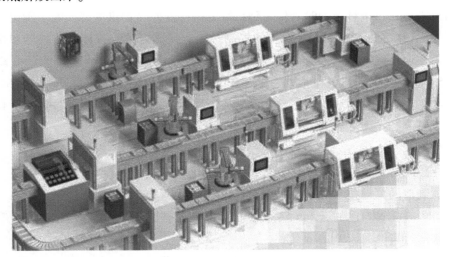

图 7-42　基于云平台控制的无线智能机器人

# 参 考 文 献

［1］郎为民．大话物联网［M］．北京：人民邮电出版社，2011.

［2］黄玉兰．物联网射频识别 RFID 核心技术详解［M］．3 版．北京：人民邮电出版社，2016.

［3］廖建尚．物联网开发与应用——基于 ZigBee、Simplici TI、低功率蓝牙、Wi-Fi 技术［M］．
北京：电子工业出版社，2017.

［4］曾凡太，边栋，徐胜朋．物联网之芯：传感器件与通信芯片设计［M］．北京：机械工业
出版社，2018．

［5］黄建波．一本书读懂物联网［M］.2 版．北京：清华大学出版社，2017.

［6］吴建平．传感器原理及应用［M］.3 版．北京：机械工业出版社，2016.

［7］王恒．传感器与测试技术［M］．西安：西安电子科技大学出版社，2016.

［8］马洪连，丁男，宁兆龙，等．物联网感知、识别与控制技术［M］.2 版．北京：清华大学
出版社，2017.

［9］汤一平．物联网感知技术与应用——智能全景视频感知（下）［M］．北京：电子工业出版
社，2015.

［10］赵国冬，刘海波，张智勇．物联网感知与应用实践教程［M］．哈尔滨：哈尔滨工程大学
出版社，2018.

［11］张颖，李松林．物联网感知技术应用［M］．南京：南京大学出版社，2014.

［12］三木良雄．物联网应用路线图［M］．朱悦玮，译．广州：广东人民出版社，2018.

［13］杨众杰．物联网应用与发展研究［M］．北京：中国纺织出版社，2018.

［14］刘光毅，黄宇红，向际鹰，等.5G 移动通信系统从演进到革命［M］．北京：人民邮电出
版社，2016.

［15］张传福，赵立英，张宇，等.5G 移动通信系统及关键技术［M］．北京：电子工业出版
社，2018.

[16] 丁飞. 物联网开放平台：平台架构、关键技术与典型应用 [M]. 北京：电子工业出版社，2018.

[17] 王见. 物联网之云：云平台搭建与大数据处理 [M]. 北京：机械工业出版社，2018.

[18] 王泉. 从车联网到自动驾驶 [M]. 北京：人民邮电出版社，2018.

[19] 贾恒旦. 无人机技术概论 [M]. 北京：机械工业出版社，2018.

[20] 赵亚洲. 智能+：AR、VR、AI、IW 正在颠覆每个行业的新商业浪潮 [M]. 北京：北京联合出版公司，2017.